中华人民共和国国家标准

智能建筑工程质量验收规范

Code for acceptance of quality of intelligent building systems

GB 50339-2013

批准部门：中华人民共和国住房和城乡建设部
施行日期：2014年2月1日

中国建筑工业出版社

2013 北京

中华人民共和国国家标准

智能建筑工程质量验收规范

Code for acceptance of quality of intelligent building systems

GB 50339-2013

*

中国建筑工业出版社出版、发行（北京西郊百万庄）
各地新华书店、建筑书店经销
北京红光制版公司制版
北京同文印刷有限责任公司印刷

*

开本：850×1168 毫米 1/32 印张：4 字数：105 千字
2013 年 11 月第一版 2023 年 6 月第十七次印刷
定价：21.00 元
统一书号：15112·23757

版权所有 翻印必究

如有印装质量问题，可寄本社退换

（邮政编码 100037）

本社网址：http://www.cabp.com.cn
网上书店：http://www.china-building.com.cn

中华人民共和国住房和城乡建设部
公 告

第 83 号

住房城乡建设部关于发布国家标准《智能建筑工程质量验收规范》的公告

现批准《智能建筑工程质量验收规范》为国家标准，编号为 GB 50339-2013，自 2014 年 2 月 1 日起实施。其中，第 12.0.2、22.0.4 条为强制性条文，必须严格执行。原《智能建筑工程质量验收规范》GB 50339-2003 同时废止。

本规范由我部标准定额研究所组织中国建筑工业出版社出版发行。

中华人民共和国住房和城乡建设部
2013 年 6 月 26 日

前　言

根据原建设部《关于印发〈2006年工程建设标准规范制订、修订计划（第一批）〉的通知》（建标［2006］77号）要求，规范编制组经广泛调查研究，认真总结实践经验，参考有关国际标准和国外先进标准，并在广泛征求意见的基础上，修订本规范。

本规范的主要技术内容是：1.总则；2.术语和符号；3.基本规定；4.智能化集成系统；5.信息接入系统；6.用户电话交换系统；7.信息网络系统；8.综合布线系统；9.移动通信室内信号覆盖系统；10.卫星通信系统；11.有线电视及卫星电视接收系统；12.公共广播系统；13.会议系统；14.信息导引及发布系统；15.时钟系统；16.信息化应用系统；17.建筑设备监控系统；18.火灾自动报警系统；19.安全技术防范系统；20.应急响应系统；21.机房工程；22.防雷与接地。

本规范修订的主要技术内容是：1.取消了住宅（小区）智能化1章；2.增加了移动通信室内信号覆盖系统、卫星通信系统、会议系统、信息导引及发布系统、时钟系统和应急响应系统6章；3.将原第4章通信网络系统拆分为信息接入系统、用户电话交换系统、有线电视及卫星电视接收系统和公共广播系统共4章，将原第5章信息网络系统拆分为信息网络系统和信息化应用系统2章，将原第12章环境调整为机房工程，对保留的各章所涉及的主要技术内容进行了补充、完善和必要的修改。

本规范中以黑体字标志的条文为强制性条文，必须严格执行。

本规范由住房和城乡建设部负责管理和对强制性条文的解释，由同方股份有限公司负责具体技术内容的解释。执行过程中如有意见或建议，请寄送同方股份有限公司智能建筑工程质量验收规范编制组（地址：北京市海淀区王庄路1号清华同方科技广场A座23层；邮编：100083）。

本 规 范 主 编 单 位：	同方股份有限公司
本 规 范 参 编 单 位：	中国建筑业协会智能建筑分会
	中国建筑标准设计研究院
	北京市建筑设计研究院有限公司
	上海现代建筑设计（集团）有限公司
	中国电子工程设计院
	清华大学
	同方泰德国际科技（北京）有限公司
	上海延华智能科技（集团）股份有限公司
	上海市安装工程集团有限公司
	深圳市赛为智能股份有限公司
	北京捷通机房设备工程有限公司
	北京泰豪智能工程有限公司
	合肥爱默尔电子科技有限公司
	厦门万安智能股份有限公司
	大连理工现代工程检测有限公司
	深圳市台电实业有限公司
	深圳市信息安全测评中心
本规范主要起草人员：	赵晓宇　段文凯　吴悦明　赵凤泉
	蒋　健　张丹育　崔耀华　胡洪波
	孙　兰　张　宜　顾克明　孙成群
	苗占胜　姜文潭　赵济安　杨建光
	王东伟　李翠萍　李　晓　汪　浩
	林必毅　王梁东　侯移门　赵晓波
	秦绪忠　吴品堃　刘洪山　王福林
	李　健　罗维芳　武　刚

本规范主要审查人员：张文才　谢　卫　程大章　刘希清
　　　　　　　　　　朱立彤　瞿二澜　范同顺　周名嘉
　　　　　　　　　　刘　芳　朱跃忠　白幸园

目　　次

1 总则 ··· 1
2 术语和符号 ·· 2
　2.1 术语 ··· 2
　2.2 符号 ··· 2
3 基本规定 ··· 3
　3.1 一般规定 ··· 3
　3.2 工程实施的质量控制 ····································· 4
　3.3 系统检测 ··· 6
　3.4 分部（子分部）工程验收 ······························ 8
4 智能化集成系统 ·· 10
5 信息接入系统 ··· 12
6 用户电话交换系统 ·· 13
7 信息网络系统 ··· 14
　7.1 一般规定 ··· 14
　7.2 计算机网络系统检测 ····································· 14
　7.3 网络安全系统检测 ·· 16
8 综合布线系统 ··· 18
9 移动通信室内信号覆盖系统 ································· 20
10 卫星通信系统 ·· 21
11 有线电视及卫星电视接收系统 ···························· 22
12 公共广播系统 ·· 25
13 会议系统 ·· 27
14 信息导引及发布系统 ··· 30
15 时钟系统 ·· 31
16 信息化应用系统 ·· 33

7

17	建筑设备监控系统 ……………………………………	35
18	火灾自动报警系统 ……………………………………	38
19	安全技术防范系统 ……………………………………	39
20	应急响应系统 …………………………………………	42
21	机房工程 ………………………………………………	43
22	防雷与接地 ……………………………………………	45

附录 A　施工现场质量管理检查记录 ……………………… 46
附录 B　工程实施的质量控制记录 ………………………… 47
附录 C　检测记录 …………………………………………… 53
附录 D　分部（子分部）工程验收记录 …………………… 70
本规范用词说明 ………………………………………………… 73
引用标准名录 …………………………………………………… 74
附：条文说明 …………………………………………………… 75

Contents

1 General Provisions ··· 1
2 Terms and Symbols ··· 2
   2.1 Terms ··· 2
   2.2 Symbols ··· 2
3 Basic Requirement ·· 3
   3.1 General Requirement ·· 3
   3.2 Quality Control of Project Implementation ··············· 4
   3.3 System Testing ··· 6
   3.4 Final Acceptance of Division (Subdivision) Works ········ 8
4 Intelligent Integrated System ··································· 10
5 Communication Access System ································ 12
6 Telephone Switching System ··································· 13
7 Information Network System ··································· 14
   7.1 General Requirement ······································· 14
   7.2 Computer Network System Testing ······················· 14
   7.3 Network Security System Testing ························· 16
8 Generic Cabling System ··· 18
9 Mobile Communication Indoor Coverage System ············ 20
10 Satellite Communication System ······························ 21
11 Cable Television and Satellite Television Receiving
    System ·· 22
12 Public Address System ·· 25
13 Conference System ··· 27
14 Guidance Information Display System ······················· 30
15 Time Synchronized System ····································· 31

16	Information Technology Application System	33
17	Building Automation System	35
18	Fire Alarm System	38
19	Security and Protection System	39
20	Emergency Response System	42
21	Engineering of Electronic Equipment Plant	43
22	Lightning Protection and Earthing	45
Appendix A	Records of Quality Management Inspection in Construction Site	46
Appendix B	Records of Project Implementation and Quality Control	47
Appendix C	Test Records	53
Appendix D	Records of Division (Subdivision) Works Final Acceptance	70
Explanation of Wording in This Code		73
List of Quoted Standards		74
Addition: Explanation of Provisions		75

1 总 则

1.0.1 为加强智能建筑工程质量管理，规范智能建筑工程质量验收，规定智能建筑工程质量检测和验收的组织程序和合格评定标准，保证智能建筑工程质量，制定本规范。

1.0.2 本规范适用于新建、扩建和改建工程中的智能建筑工程的质量验收。

1.0.3 智能建筑工程的质量验收除应符合本规范外，尚应符合国家现行有关标准的规定。

2 术语和符号

2.1 术 语

2.1.1 系统检测 system checking and measuring

建筑智能化系统安装、调试、自检完成并经过试运行后，采用特定的方法和仪器设备对系统功能和性能进行全面检查和测试并给出结论。

2.1.2 整改 rectification

对工程中的不合格项进行修改和调整，使其达到合格的要求。

2.1.3 试运行 trial running

建筑智能化系统安装、调试和自检完成后，系统按规定时间进行连续运行的过程。

2.1.4 项目监理机构 project supervision

监理单位派驻工程项目负责履行委托监理合同的组织机构。

2.1.5 验收小组 acceptance group

工程验收时，建设单位组织相关人员形成的、承担验收工作的临时机构。

2.2 符 号

HFC——混合光纤同轴网
ICMP——因特网控制报文协议
IP——网络互联协议
PCM——脉冲编码调制
QoS——服务质量保证
VLAN——虚拟局域网

3 基本规定

3.1 一般规定

3.1.1 智能建筑工程质量验收应包括工程实施的质量控制、系统检测和工程验收。

3.1.2 智能建筑工程的子分部工程和分项工程划分应符合表3.1.2的规定。

表3.1.2 智能建筑工程的子分部工程和分项工程划分

子分部工程	分项工程
智能化集成系统	设备安装，软件安装，接口及系统调试，试运行
信息接入系统	安装场地检查
用户电话交换系统	线缆敷设，设备安装，软件安装，接口及系统调试，试运行
信息网络系统	计算机网络设备安装，计算机网络软件安装，网络安全设备安装，网络安全软件安装，系统调试，试运行
综合布线系统	梯架、托盘、槽盒和导管安装，线缆敷设，机柜、机架、配线架的安装，信息插座安装，链路或信道测试，软件安装，系统调试，试运行
移动通信室内信号覆盖系统	安装场地检查
卫星通信系统	安装场地检查
有线电视及卫星电视接收系统	梯架、托盘、槽盒和导管安装，线缆敷设，设备安装，软件安装，系统调试，试运行
公共广播系统	梯架、托盘、槽盒和导管安装，线缆敷设，设备安装，软件安装，系统调试，试运行

续表 3.1.2

子分部工程	分项工程
会议系统	梯架、托盘、槽盒和导管安装,线缆敷设,设备安装,软件安装,系统调试,试运行
信息导引及发布系统	梯架、托盘、槽盒和导管安装,线缆敷设,显示设备安装,机房设备安装,软件安装,系统调试,试运行
时钟系统	梯架、托盘、槽盒和导管安装,线缆敷设,设备安装,软件安装,系统调试,试运行
信息化应用系统	梯架、托盘、槽盒和导管安装,线缆敷设,设备安装,软件安装,系统调试,试运行
建筑设备监控系统	梯架、托盘、槽盒和导管安装,线缆敷设,传感器安装,执行器安装,控制器、箱安装,中央管理工作站和操作分站设备安装,软件安装,系统调试,试运行
火灾自动报警系统	梯架、托盘、槽盒和导管安装,线缆敷设,探测器类设备安装,控制器类设备安装,其他设备安装,软件安装,系统调试,试运行
安全技术防范系统	梯架、托盘、槽盒和导管安装,线缆敷设,设备安装,软件安装,系统调试,试运行
应急响应系统	设备安装,软件安装,系统调试,试运行
机房工程	供配电系统,防雷与接地系统,空气调节系统,给水排水系统,综合布线系统,监控与安全防范系统,消防系统,室内装饰装修,电磁屏蔽,系统调试,试运行
防雷与接地	接地装置,接地线,等电位联结,屏蔽设施,电涌保护器,线缆敷设,系统调试,试运行

3.1.3 系统试运行应连续进行 120h。试运行中出现系统故障时,应重新开始计时,直至连续运行满 120h。

3.2 工程实施的质量控制

3.2.1 工程实施的质量控制应检查下列内容:

1 施工现场质量管理检查记录；
  2 图纸会审记录；存在设计变更和工程洽商时，还应检查设计变更记录和工程洽商记录；
  3 设备材料进场检验记录和设备开箱检验记录；
  4 隐蔽工程（随工检查）验收记录；
  5 安装质量及观感质量验收记录；
  6 自检记录；
  7 分项工程质量验收记录；
  8 试运行记录。

3.2.2 施工现场质量管理检查记录应由施工单位填写、项目监理机构总监理工程师（或建设单位项目负责人）作出检查结论，且记录的格式应符合本规范附录 A 的规定。

3.2.3 图纸会审记录、设计变更记录和工程洽商记录应符合现行国家标准《智能建筑工程施工规范》GB 50606 的规定。

3.2.4 设备材料进场检验记录和设备开箱检验记录应符合下列规定：

  1 设备材料进场检验记录应由施工单位填写、监理（建设）单位的监理工程师（项目专业工程师）作出检查结论，且记录的格式应符合本规范附录 B 的表 B.0.1 的规定；
  2 设备开箱检验记录应符合现行国家标准《智能建筑工程施工规范》GB 50606 的规定。

3.2.5 隐蔽工程（随工检查）验收记录应由施工单位填写、监理（建设）单位的监理工程师（项目专业工程师）作出检查结论，且记录的格式应符合本规范附录 B 的表 B.0.2 的规定。

3.2.6 安装质量及观感质量验收记录应由施工单位填写、监理（建设）单位的监理工程师（项目专业工程师）作出检查结论，且记录的格式应符合本规范附录 B 的表 B.0.3 的规定。

3.2.7 自检记录由施工单位填写、施工单位的专业技术负责人作出检查结论，且记录的格式应符合本规范附录 B 的表 B.0.4 的规定。

3.2.8 分项工程质量验收记录应由施工单位填写、施工单位的专业技术负责人作出检查结论、监理（建设）单位的监理工程师（项目专业技术负责人）作出验收结论，且记录的格式应符合本规范附录B的表B.0.5的规定。

3.2.9 试运行记录应由施工单位填写、监理（建设）单位的监理工程师（项目专业工程师）作出检查结论，且记录的格式应符合本规范附录B的表B.0.6的规定。

3.2.10 软件产品的质量控制除应检查本规范第3.2.4条规定的内容外，尚应检查文档资料和技术指标，并应符合下列规定：

　　1 商业软件的使用许可证和使用范围应符合合同要求；

　　2 针对工程项目编制的应用软件，测试报告中的功能和性能测试结果应符合工程项目的合同要求。

3.2.11 接口的质量控制除应检查本规范第3.2.4条规定的内容外，尚应符合下列规定：

　　1 接口技术文件应符合合同要求；接口技术文件应包括接口概述、接口框图、接口位置、接口类型与数量、接口通信协议、数据流向和接口责任边界等内容；

　　2 根据工程项目实际情况修订的接口技术文件应经过建设单位、设计单位、接口提供单位和施工单位签字确认；

　　3 接口测试文件应符合设计要求；接口测试文件应包括测试链路搭建、测试用仪器仪表、测试方法、测试内容和测试结果评判等内容；

　　4 接口测试应符合接口测试文件要求，测试结果记录应由接口提供单位、施工单位、建设单位和项目监理机构签字确认。

3.3 系统检测

3.3.1 系统检测应在系统试运行合格后进行。

3.3.2 系统检测前应提交下列资料：

　　1 工程技术文件；

　　2 设备材料进场检验记录和设备开箱检验记录；

  3 自检记录；
  4 分项工程质量验收记录；
  5 试运行记录。
3.3.3 系统检测的组织应符合下列规定：
  1 建设单位应组织项目检测小组；
  2 项目检测小组应指定检测负责人；
  3 公共机构的项目检测小组应由有资质的检测单位组成。
3.3.4 系统检测应符合下列规定：
  1 应依据工程技术文件和本规范规定的检测项目、检测数量及检测方法编制系统检测方案，检测方案应经建设单位或项目监理机构批准后实施；
  2 应按系统检测方案所列检测项目进行检测，系统检测的主控项目和一般项目应符合本规范附录C的规定；
  3 系统检测应按照先分项工程，再子分部工程，最后分部工程的顺序进行，并填写《分项工程检测记录》、《子分部工程检测记录》和《分部工程检测汇总记录》；
  4 分项工程检测记录由检测小组填写，检测负责人作出检测结论，监理（建设）单位的监理工程师（项目专业技术负责人）签字确认，且记录的格式应符合本规范附录C的表C.0.1的规定；
  5 子分部工程检测记录由检测小组填写，检测负责人作出检测结论，监理（建设）单位的监理工程师（项目专业技术负责人）签字确认，且记录的格式应符合本规范附录C的表C.0.2～表C.0.16的规定；
  6 分部工程检测汇总记录由检测小组填写，检测负责人作出检测结论，监理（建设）单位的监理工程师（项目专业技术负责人）签字确认，且记录的格式应符合本规范附录C的表C.0.17的规定。
3.3.5 检测结论与处理应符合下列规定：
  1 检测结论应分为合格和不合格；

2 主控项目有一项及以上不合格的，系统检测结论应为不合格；一般项目有两项及以上不合格的，系统检测结论应为不合格；

3 被集成系统接口检测不合格的，被集成系统和集成系统的系统检测结论均应为不合格；

4 系统检测不合格时，应限期对不合格项进行整改，并重新检测，直至检测合格。重新检测时抽检应扩大范围。

3.4 分部（子分部）工程验收

3.4.1 建设单位应按合同进度要求组织人员进行工程验收。

3.4.2 工程验收应具备下列条件：

    1 按经批准的工程技术文件施工完毕；

    2 完成调试及自检，并出具系统自检记录；

    3 分项工程质量验收合格，并出具分项工程质量验收记录；

    4 完成系统试运行，并出具系统试运行报告；

    5 系统检测合格，并出具系统检测记录；

    6 完成技术培训，并出具培训记录。

3.4.3 工程验收的组织应符合下列规定：

    1 建设单位应组织工程验收小组负责工程验收；

    2 工程验收小组的人员应根据项目的性质、特点和管理要求确定，并应推荐组长和副组长；验收人员的总数应为单数，其中专业技术人员的数量不应低于验收人员总数的50%；

    3 验收小组应对工程实体和资料进行检查，并作出正确、公正、客观的验收结论。

3.4.4 工程验收文件应包括下列内容：

    1 竣工图纸；

    2 设计变更记录和工程洽商记录；

    3 设备材料进场检验记录和设备开箱检验记录；

    4 分项工程质量验收记录；

    5 试运行记录；

  6 系统检测记录；
  7 培训记录和培训资料。
3.4.5 工程验收小组的工作应包括下列内容：
  1 检查验收文件；
  2 检查观感质量；
  3 抽检和复核系统检测项目。
3.4.6 工程验收的记录应符合下列规定：
  1 应由施工单位填写《分部（子分部）工程质量验收记录》，设计单位的项目负责人和项目监理机构总监理工程师（建设单位项目专业负责人）作出检查结论，且记录的格式应符合本规范附录D的表D.0.1的规定；
  2 应由施工单位填写《工程验收资料审查记录》，项目监理机构总监理工程师（建设单位项目负责人）作出检查结论，且记录的格式应符合本规范附录D的表D.0.2的规定；
  3 应由施工单位按表填写《验收结论汇总记录》，验收小组作出检查结论，且记录的格式应符合本规范附录D的表D.0.3的规定。
3.4.7 工程验收结论与处理应符合下列规定：
  1 工程验收结论应分为合格和不合格；
  2 本规范第3.4.4条规定的工程验收文件齐全、观感质量符合要求且检测项目合格时，工程验收结论应为合格，否则应为不合格；
  3 当工程验收结论为不合格时，施工单位应限期整改，直到重新验收合格；整改后仍无法满足使用要求的，不得通过工程验收。

4 智能化集成系统

4.0.1 智能化集成系统的设备、软件和接口等的检测和验收范围应根据设计要求确定。

4.0.2 智能化集成系统检测应在被集成系统检测完成后进行。

4.0.3 智能化集成系统检测应在服务器和客户端分别进行，检测点应包括每个被集成系统。

4.0.4 接口功能应符合接口技术文件和接口测试文件的要求，各接口均应检测，全部符合设计要求的应为检测合格。

4.0.5 检测集中监视、储存和统计功能时，应符合下列规定：

　　1 显示界面应为中文；

　　2 信息显示应正确，响应时间、储存时间、数据分类统计等性能指标应符合设计要求；

　　3 每个被集成系统的抽检数量宜为该系统信息点数的5%，且抽检点数不应少于20点，当信息点数少于20点时应全部检测；

　　4 智能化集成系统抽检总点数不宜超过1000点；

　　5 抽检结果全部符合设计要求的，应为检测合格。

4.0.6 检测报警监视及处理功能时，应现场模拟报警信号，报警信息显示应正确，信息显示响应时间应符合设计要求。每个被集成系统的抽检数量不应少于该系统报警信息点数的10%。抽检结果全部符合设计要求的，应为检测合格。

4.0.7 检测控制和调节功能时，应在服务器和客户端分别输入设置参数，调节和控制效果应符合设计要求。各被集成系统应全部检测，全部符合设计要求的应为检测合格。

4.0.8 检测联动配置及管理功能时，应现场逐项模拟触发信号，所有被集成系统的联动动作均应安全、正确、及时和无冲突。

4.0.9 权限管理功能检测应符合设计要求。

4.0.10 冗余功能检测应符合设计要求。

4.0.11 文件报表生成和打印功能应逐项检测。全部符合设计要求的应为检测合格。

4.0.12 数据分析功能应对各被集成系统逐项检测。全部符合设计要求的应为检测合格。

4.0.13 验收文件除应符合本规范第3.4.4条的规定外，尚应包括下列内容：

  1 针对项目编制的应用软件文档；
  2 接口技术文件；
  3 接口测试文件。

5 信息接入系统

5.0.1 本章适用于对铜缆接入网系统、光缆接入网系统和无线接入网系统等信息接入系统设备安装场地的检查。

5.0.2 信息接入系统的检查和验收范围应根据设计要求确定。

5.0.3 机房的净高、地面防静电、电源、照明、温湿度、防尘、防水、消防和接地等应符合通信工程设计要求。

5.0.4 预留孔洞位置、尺寸和承重荷载应符合通信工程设计要求。

6 用户电话交换系统

6.0.1 本章适用于用户电话交换系统、调度系统、会议电话系统和呼叫中心的工程实施的质量控制、系统检测和竣工验收。

6.0.2 用户电话交换系统的检测和验收范围应根据设计要求确定。

6.0.3 用户电话交换系统的机房接地应符合现行国家标准《通信局（站）防雷与接地工程设计规范》GB 50689 的有关规定。

6.0.4 对于抗震设防的地区，用户电话交换系统的设备安装应符合现行行业标准《电信设备安装抗震设计规范》YD 5059 的有关规定。

6.0.5 用户电话交换系统工程实施的质量控制除应符合本规范第 3 章的规定外，尚应检查电信设备入网许可证。

6.0.6 用户电话交换系统的业务测试、信令方式测试、系统互通测试、网络管理及计费功能测试等检测结果，应满足系统的设计要求。

7 信息网络系统

7.1 一般规定

7.1.1 信息网络系统可根据设备的构成，分为计算机网络系统和网络安全系统。信息网络系统的检测和验收范围应根据设计要求确定。

7.1.2 对于涉及国家秘密的网络安全系统，应按国家保密管理的相关规定进行验收。

7.1.3 网络安全设备除应符合本规范第 3 章的规定外，尚应检查公安部计算机管理监察部门审批颁发的安全保护等信息系统安全专用产品销售许可证。

7.1.4 信息网络系统验收文件除应符合本规范第 3.4.4 条的规定外，尚应包括下列内容：

1 交换机、路由器、防火墙等设备的配置文件；
2 QoS 规划方案；
3 安全控制策略；
4 网络管理软件的相关文档；
5 网络安全软件的相关文档。

7.2 计算机网络系统检测

7.2.1 计算机网络系统的检测可包括连通性、传输时延、丢包率、路由、容错功能、网络管理功能和无线局域网功能检测等。采用融合承载通信架构的智能化设备网，还应进行组播功能检测和 QoS 功能检测。

7.2.2 计算机网络系统的检测方法应根据设计要求选择，可采用输入测试命令进行测试或使用相应的网络测试仪器。

7.2.3 计算机网络系统的连通性检测应符合下列规定：

1 网管工作站和网络设备之间的通信应符合设计要求，并且各用户终端应根据安全访问规则只能访问特定的网络与特定的服务器；

　　2 同一 VLAN 内的计算机之间应能交换数据包，不在同一 VLAN 内的计算机之间不应交换数据包；

　　3 应按接入层设备总数的 10% 进行抽样测试，且抽样数不应少于 10 台；接入层设备少于 10 台的，应全部测试；

　　4 抽检结果全部符合设计要求的，应为检测合格。

7.2.4 计算机网络系统的传输时延和丢包率的检测应符合下列规定：

　　1 应检测从发送端口到目的端口的最大延时和丢包率等数值；

　　2 对于核心层的骨干链路、汇聚层到核心层的上联链路，应进行全部检测；对接入层到汇聚层的上联链路，应按不低于 10% 的比例进行抽样测试，且抽样数不应少于 10 条；上联链路数不足 10 条的，应全部检测；

　　3 抽检结果全部符合设计要求的，应为检测合格。

7.2.5 计算机网络系统的路由检测应包括路由设置的正确性和路由的可达性，并应根据核心设备路由表采用路由测试工具或软件进行测试。检测结果符合设计要求的，应为检测合格。

7.2.6 计算机网络系统的组播功能检测应采用模拟软件生成组播流。组播流的发送和接收检测结果符合设计要求的，应为检测合格。

7.2.7 计算机网络系统的 QoS 功能应检测队列调度机制。能够区分业务流并保障关键业务数据优先发送的，应为检测合格。

7.2.8 计算机网络系统的容错功能应采用人为设置网络故障的方法进行检测，并应符合下列规定：

　　1 对具备容错能力的计算机网络系统，应具有错误恢复和故障隔离功能，并在出现故障时自动切换；

　　2 对有链路冗余配置的计算机网络系统，当其中的某条链路断开或有故障发生时，整个系统仍应保持正常工作，并在故障恢复后应能自动切换回主系统运行；

  3 容错功能应全部检测，且全部结果符合设计要求的应为检测合格。

7.2.9 无线局域网的功能检测除应符合本规范第7.2.3～7.2.8条的规定外，尚应符合下列规定：

  1 在覆盖范围内接入点的信道信号强度应不低于—75dBm；

  2 网络传输速率不应低于5.5Mbit/s；

  3 应采用不少于100个ICMP 64Byte帧长的测试数据包，不少于95%路径的数据包丢失率应小于5%；

  4 应采用不少于100个ICMP 64Byte帧长的测试数据包，不小于95%且跳数小于6的路径的传输时延应小于20ms；

  5 应按无线接入点总数的10%进行抽样测试，抽样数不应少于10个；无线接入点少于10个的，应全部测试。抽检结果全部符合本条第1～4款要求的，应为检测合格。

7.2.10 计算机网络系统的网络管理功能应在网管工作站检测，并应符合下列规定：

  1 应搜索整个计算机网络系统的拓扑结构图和网络设备连接图；

  2 应检测自诊断功能；

  3 应检测对网络设备进行远程配置的功能，当具备远程配置功能时，应检测网络性能参数含网络节点的流量、广播率和错误率等；

  4 检测结果符合设计要求的，应为检测合格。

7.3 网络安全系统检测

7.3.1 网络安全系统检测宜包括结构安全、访问控制、安全审计、边界完整性检查、入侵防范、恶意代码防范和网络设备防护等安全保护能力的检测。检测方法应依据设计确定的信息系统安全防护等级进行制定，检测内容应按现行国家标准《信息安全技

术 信息系统安全等级保护基本要求》GB/T 22239 执行。

7.3.2 业务办公网及智能化设备网与互联网连接时，应检测安全保护技术措施。检测结果符合设计要求的，应为检测合格。

7.3.3 业务办公网及智能化设备网与互联网连接时，网络安全系统应检测安全审计功能，并应具有至少保存60d记录备份的功能。检测结果符合设计要求的，应为检测合格。

7.3.4 对于要求物理隔离的网络，应进行物理隔离检测，且检测结果符合下列规定的应为检测合格：

1 物理实体上应完全分开；
2 不应存在共享的物理设备；
3 不应有任何链路上的连接。

7.3.5 无线接入认证的控制策略应符合设计要求，并应按设计要求的认证方式进行检测，且应抽取网络覆盖区域内不同地点进行20次认证。认证失败次数不超过1次的，应为检测合格。

7.3.6 当对网络设备进行远程管理时，应检测防窃听措施。检测结果符合设计要求的，应为检测合格。

8 综合布线系统

8.0.1 综合布线系统检测应包括电缆系统和光缆系统的性能测试，且电缆系统测试项目应根据布线信道或链路的设计等级和布线系统的类别要求确定。

8.0.2 综合布线系统测试方法应按现行国家标准《综合布线系统工程验收规范》GB 50312 的规定执行。

8.0.3 综合布线系统检测单项合格判定应符合下列规定：

  1 一个及以上被测项目的技术参数测试结果不合格的，该项目应判为不合格；某一被测项目的检测结果与相应规定的差值在仪表准确度范围内的，该被测项目应判为合格；

  2 采用 4 对对绞电缆作为水平电缆或主干电缆，所组成的链路或信道有一项及以上指标测试结果不合格的，该链路或信道应判为不合格；

  3 主干布线大对数电缆中按 4 对对绞线对组成的链路一项及以上测试指标不合格的，该线对应判为不合格；

  4 光纤链路或信道测试结果不满足设计要求的，该光纤链路或信道应判为不合格；

  5 未通过检测的链路或信道应在修复后复检。

8.0.4 综合布线系统检测的综合合格判定应符合下列规定：

  1 对绞电缆布线全部检测时，无法修复的链路、信道或不合格线对数量有一项及以上超过被测总数的 1% 的，结论应判为不合格；光缆布线检测时，有一条及以上光纤链路或信道无法修复的，应判为不合格；

  2 对于抽样检测，被抽样检测点（线对）不合格比例不大于被测总数 1% 的，抽样检测应判为合格，且不合格点（线对）应予以修复并复检；被抽样检测点（线对）不合格比例大于 1%

的，应判为一次抽样检测不合格，并应进行加倍抽样，加倍抽样不合格比例不大于1%的，抽样检测应判为合格；不合格比例仍大于1%的，抽样检测应判为不合格，且应进行全部检测，并按全部检测要求进行判定；

3 全部检测或抽样检测结论为合格的，系统检测的结论应为合格；全部检测结论为不合格的，系统检测的结论应为不合格。

8.0.5 对绞电缆链路或信道和光纤链路或信道的检测应符合下列规定：

1 自检记录应包括全部链路或信道的检测结果；

2 自检记录中各单项指标全部合格时，应判为检测合格；

3 自检记录中各单项指标中有一项及以上不合格时，应抽检，且抽样比例不应低于10%，抽样点应包括最远布线点；抽检结果的判定应符合本规范第8.0.4条的规定。

8.0.6 综合布线的标签和标识应按10%抽检，综合布线管理软件功能应全部检测。检测结果符合设计要求的，应判为检测合格。

8.0.7 电子配线架应检测管理软件中显示的链路连接关系与链路的物理连接的一致性，并应按10%抽检。检测结果全部一致的，应判为检测合格。

8.0.8 综合布线系统的验收文件除应符合本规范第3.4.4条的规定外，尚应包括综合布线管理软件的相关文档。

9 移动通信室内信号覆盖系统

9.0.1 本章适用于对移动通信室内信号覆盖系统设备安装场地的检查。

9.0.2 机房的净高、地面防静电、电源、照明、温湿度、防尘、防水、消防和接地等，应符合通信工程设计要求。

9.0.3 预留孔洞位置和尺寸应符合设计要求。

10 卫星通信系统

10.0.1 本章适用于对卫星通信系统设备安装场地的检查。

10.0.2 机房的净高、地面防静电、电源、照明、温湿度、防尘、防水、消防和接地等，应符合通信工程设计要求。

10.0.3 预留孔洞位置、尺寸及承重荷载和屋顶楼板孔洞防水处理应符合设计要求。

10.0.4 预埋天线的安装加固件、防雷和接地装置的位置和尺寸应符合设计要求。

11 有线电视及卫星电视接收系统

11.0.1 有线电视及卫星电视接收系统的设备及器材的进场验收，除应符合本规范第3章的规定外，尚应检查国家广播电视总局或有资质检测机构颁发的有效认定标识。

11.0.2 对有线电视及卫星电视接收系统进行主观评价和客观测试时，应选用标准测试点，并应符合下列规定：

  1 系统的输出端口数量小于1000时，测试点不得少于2个；系统的输出端口数量大于等于1000时，每1000点应选取（2~3）个测试点；

  2 对于基于HFC或同轴传输的双向数字电视系统，主观评价的测试点数应符合本条第1款规定，客观测试点的数量不应少于系统输出端口数量的5%，测试点数不应少于20个；

  3 测试点应至少有一个位于系统中主干线的最后一个分配放大器之后的点。

11.0.3 客观测试应包括下列内容，且检测结果符合设计要求应判定为合格：

  1 应测试卫星接收电视系统的接收频段、视频系统指标及音频系统指标；

  2 应测量有线电视系统的终端输出电平。

11.0.4 模拟信号的有线电视系统主观评价应符合下列规定：

  1 模拟电视主要技术指标应符合表11.0.4-1的规定；

表11.0.4-1 模拟电视主要技术指标

序号	项目名称	测试频道	主观评价标准
1	系统载噪比	系统总频道的10%且不少于5个，不足5个全检，且分布于整个工作频段的高、中、低	无噪波，即无"雪花干扰"

续表 11.0.4-1

序号	项目名称	测试频道	主观评价标准
2	载波互调比	系统总频道的10%且不少于5个，不足5个全检，且分布于整个工作频段的高、中、低段	图像中无垂直、倾斜或水平条纹
3	交扰调制比	系统总频道的10%且不少于5个，不足5个全检，且分布于整个工作频段的高、中、低段	图像中无移动、垂直或斜图案，即无"窜台"
4	回波值	系统总频道的10%且不少于5个，不足5个全检，且分布于整个工作频段的高、中、低段	图像中无沿水平方向分布在右边一条或多条轮廓线，即无"重影"
5	色/亮度时延差	系统总频道的10%且不少于5个，不足5个全检，且分布于整个工作频段的高、中、低段	图像中色、亮信息对齐，即无"彩色鬼影"
6	载波交流声	系统总频道的10%且不少于5个，不足5个全检，且分布于整个工作频段的高、中、低段	图像中无上下移动的水平条纹，即无"滚道"现象
7	伴音和调频广播的声音	系统总频道的10%且不少于5个，不足5个全检，且分布于整个工作频段的高、中、低段	无背景噪声，如丝丝声、哼声、蜂鸣声和串音等

2 图像质量的主观评价应符合下列规定：

1）图像质量主观评价评分应符合表11.0.4-2的规定：

表 11.0.4-2 图像质量主观评价评分

图像质量主观评价	评分值（等级）
图像质量极佳，十分满意	5分（优）
图像质量好，比较满意	4分（良）
图像质量一般，尚可接受	3分（中）
图像质量差，勉强能看	2分（差）
图像质量低劣，无法看清	1分（劣）

2）评价项目可包括图像清晰度、亮度、对比度、色彩还

原性、图像色彩及色饱和度等内容；
  3）评价人员数量不宜少于 5 个，各评价人员应独立评分，并应取算术平均值为评价结果；
  4）评价项目的得分值不低于 4 分的应判定为合格。

11.0.5 对于基于 HFC 或同轴传输的双向数字电视系统下行指标的测试，检测结果符合设计要求的应判定为合格。

11.0.6 对于基于 HFC 或同轴传输的双向数字电视系统上行指标的测试，检测结果符合设计要求的应判定为合格。

11.0.7 数字信号的有线电视系统主观评价的项目和要求应符合表 11.0.7 的规定。且测试时应选择源图像和源声音均较好的节目频道。

表 11.0.7 数字信号的有线电视系统主观评价的项目和要求

项目	技术要求	备 注
图像质量	图像清晰，色彩鲜艳，无马赛克或图像停顿	符合本规范第 11.0.4 条第 2 款要求
声音质量	对白清晰；音质无明显失真；不应出现明显的噪声和杂音	—
唇音同步	无明显的图像滞后或超前于声音的现象	—
节目频道切换	节目频道切换时不能出现严重的马赛克或长时间黑屏现象；节目切换平均等待时间应小于 2.5s，最大不应超过 3.5s	包括加密频道和不在同一射频频点的节目频道
字幕	清晰、可识别	—

11.0.8 验收文件除应符合本规范第 3.4.4 条的规定外，尚应包括用户分配电平图。

12 公共广播系统

12.0.1 公共广播系统可包括业务广播、背景广播和紧急广播。检测和验收的范围应根据设计要求确定。

12.0.2 当紧急广播系统具有火灾应急广播功能时，应检查传输线缆、槽盒和导管的防火保护措施。

12.0.3 公共广播系统检测时，应打开广播分区的全部广播扬声器，测量点宜均匀布置，且不应在广播扬声器附近和其声辐射轴线上。

12.0.4 公共广播系统检测时，应检测公共广播系统的应备声压级，检测结果符合设计要求的应判定为合格。

12.0.5 主观评价时应对广播分区逐个进行检测和试听，并应符合下列规定：

  1 语言清晰度主观评价评分应符合表12.0.5的规定：

表12.0.5 语言清晰度主观评价评分

主观评价	评分值（等级）
语言清晰度极佳，十分满意	5分（优）
语言清晰度好，比较满意	4分（良）
语言清晰度一般，尚可接受	3分（中）
语言清晰度差，勉强能听	2分（差）
语言清晰度低劣，无法接受	1分（劣）

  2 评价人员应独立评价打分，评价结果应取所有评价人员打分的算术平均值；

  3 评价结果不低于4分的应判定为合格。

12.0.6 公共广播系统检测时，应检测紧急广播的功能和性能，检测结果符合设计要求的应判定为合格。当紧急广播包括火灾应急广播功能时，还应检测下列内容：
  1 紧急广播具有最高级别的优先权；
  2 警报信号触发后，紧急广播向相关广播区播放警示信号、警报语声文件或实时指挥语声的响应时间；
  3 音量自动调节功能；
  4 手动发布紧急广播的一键到位功能；
  5 设备的热备用功能、定时自检和故障自动告警功能；
  6 备用电源的切换时间；
  7 广播分区与建筑防火分区匹配。

12.0.7 公共广播系统检测时，应检测业务广播和背景广播的功能，符合设计要求的应判定为合格。

12.0.8 公共广播系统检测时，应检测公共广播系统的声场不均匀度、漏出声衰减及系统设备信噪比，检测结果符合设计要求的应判定为合格。

12.0.9 公共广播系统检测时，应检查公共广播系统的扬声器位置，分布合理、符合设计要求的应判定为合格。

13 会议系统

13.0.1 会议系统可包括会议扩声系统、会议视频显示系统、会议灯光系统、会议同声传译系统、会议讨论系统、会议电视系统、会议表决系统、会议集中控制系统、会议摄像系统、会议录播系统和会议签到管理系统等。检测和验收的范围应根据设计要求确定。

13.0.2 会议系统检测时，应根据系统规模和实际所选用功能和系统，以及会议室的重要性和设备复杂性确定检测内容和验收项目。

13.0.3 会议系统检测前，宜检查会议系统引入电源和会场建声的检测记录。

13.0.4 会议系统检测应符合下列规定：
 1 功能检测应采用现场模拟的方法，根据设计要求逐项检测；
 2 性能检测可采用客观测量或主观评价方法进行。

13.0.5 会议扩声系统的检测应符合下列规定：
 1 声学特性指标可检测语言传输指数，或直接检测下列内容：
  1) 最大声压级；
  2) 传输频率特性；
  3) 传声增益；
  4) 声场不均匀度；
  5) 系统总噪声级。
 2 声学特性指标的测量方法应符合现行国家标准《厅堂扩声特性测量方法》GB/T 4959 的规定，检测结果符合设计要求的应判定为合格。

3 主观评价应符合下列规定：
　　　　1）声源应包括语言和音乐两类；
　　　　2）评价方法和评分标准应符合本规范第12.0.5条的规定。
13.0.6 会议视频显示系统的检测应符合下列规定：
　　1 显示特性指标的检测应包括下列内容：
　　　　1）显示屏亮度；
　　　　2）图像对比度；
　　　　3）亮度均匀性；
　　　　4）图像水平清晰度；
　　　　5）色域覆盖率；
　　　　6）水平视角、垂直视角。
　　2 显示特性指标的测量方法应符合现行国家标准《视频显示系统工程测量规范》GB/T 50525的规定。检测结果符合设计要求的应判定为合格。
　　3 主观评价应符合本规范第11.0.4条第2款的规定。
13.0.7 具有会议电视功能的会议灯光系统，应检测平均照度值。检测结果符合设计要求的应判定为合格。
13.0.8 会议讨论系统和会议同声传译系统应检测与火灾自动报警系统的联动功能。检测结果符合设计要求的应判定为合格。
13.0.9 会议电视系统的检测应符合下列规定：
　　1 应对主会场和分会场功能分别进行检测；
　　2 性能评价的检测宜包括声音延时、声像同步、会议电视回声、图像清晰度和图像连续性；
　　3 会议灯光系统的检测宜包括照度、色温和显色指数；
　　4 检测结果符合设计要求的应判定为合格。
13.0.10 其他系统的检测应符合下列规定：
　　1 会议同声传译系统的检测应按现行国家标准《红外线同声传译系统工程技术规范》GB 50524的规定执行；
　　2 会议签到管理系统应测试签到的准确性和报表功能；

3 会议表决系统应测试表决速度和准确性；

　4 会议集中控制系统的检测应采用现场功能演示的方法，逐项进行功能检测；

　5 会议录播系统应对现场视频、音频、计算机数字信号的处理、录制和播放功能进行检测，并检验其信号处理和录播系统的质量；

　6 具备自动跟踪功能的会议摄像系统应与会议讨论系统相配合，检查摄像机的预置位调用功能；

　7 检测结果符合设计要求的应判定为合格。

14 信息导引及发布系统

14.0.1 信息导引及发布系统可由信息播控设备、传输网络、信息显示屏（信息标识牌）和信息导引设施或查询终端等组成，检测和验收的范围应根据设计要求确定。

14.0.2 信息导引及发布系统检测应以系统功能检测为主，图像质量主观评价为辅。

14.0.3 信息导引及发布系统功能检测应符合下列规定：
    1 应根据设计要求对系统功能逐项检测；
    2 软件操作界面应显示准确、有效；
    3 检测结果符合设计要求的应判定为合格。

14.0.4 信息导引及发布系统检测时，应检测显示性能，且结果符合设计要求的应判定为合格。

14.0.5 信息导引及发布系统检测时，应检查系统断电后再次恢复供电时的自动恢复功能，且结果符合设计要求的应判定为合格。

14.0.6 信息导引及发布系统检测时，应检测系统终端设备的远程控制功能，且结果符合设计要求的应判定为合格。

14.0.7 信息导引及发布系统的图像质量主观评价，应符合本规范第11.0.4条第2款的规定。

15 时钟系统

15.0.1 时钟系统测试方法应符合现行行业标准《时间同步系统》QB/T 4054 的相关规定。

15.0.2 时钟系统检测应以接收及授时功能为主,其他功能为辅。

15.0.3 时钟系统检测时,应检测母钟与时标信号接收器同步、母钟对子钟同步校时的功能,检测结果符合设计要求的应判定为合格。

15.0.4 时钟系统检测时,应检测平均瞬时日差指标,检测结果符合下列条件的应判定为合格:

 1 石英谐振器一级母钟的平均瞬时日差不大于 0.01s/d;

 2 石英谐振器二级母钟的平均瞬时日差不大于 0.1s/d;

 3 子钟的平均瞬时日差在 (-1.00~+1.00) s/d。

15.0.5 时钟系统检测时,应检测时钟显示的同步偏差,检测结果符合下列条件的应判定为合格:

 1 母钟的输出口同步偏差不大于 50ms;

 2 子钟与母钟的时间显示偏差不大于 1s。

15.0.6 时钟系统检测时,应检测授时校准功能,检测结果符合下列条件的应判定为合格:

 1 一级母钟能可靠接收标准时间信号及显示标准时间,并向各二级母钟输出标准时间信号,无标准时间信号时,一级母钟能正常运行;

 2 二级母钟能可靠接收一级母钟提供的标准时间信号,并向子钟输出标准时间信号;无一级母钟时间信号时,二级母钟能正常运行;

 3 子钟能可靠接收二级母钟提供的标准时间信号;无二级

母钟时间信号时，子钟能正常工作，并能单独调时。

15.0.7 时钟系统检测时，应检测母钟、子钟和时间服务器等运行状况的监测功能，结果符合设计要求的应判定为合格。

15.0.8 时钟系统检测时，应检查时钟系统断电后再次恢复供电时的自动恢复功能，结果符合设计要求的应判定为合格。

15.0.9 时钟系统检测时，应检查时钟系统的使用可靠性，符合下列条件的应判定为合格：

  1 母钟在正常使用条件下不停走；

  2 子钟在正常使用条件下不停走，时间显示正常且清楚。

15.0.10 时钟系统检测时，应检查有日历显示的时钟换历功能，结果符合设计要求的应判定为合格。

15.0.11 时钟系统检测时，应检查时钟系统对其他系统主机的校时和授时功能，结果符合设计要求的应判定为合格。

16 信息化应用系统

16.0.1 信息化应用系统可包括专业业务系统、信息设施运行管理系统、物业管理系统、通用业务系统、公众信息系统、智能卡应用系统和信息安全管理系统等，检测和验收的范围应根据设计要求确定。

16.0.2 信息化应用系统按构成要素分为设备和软件，系统检测应先检查设备，后检测应用软件。

16.0.3 应用软件测试应按软件需求规格说明编制测试大纲，并确定测试内容和测试用例，且宜采用黑盒法进行。

16.0.4 信息化应用系统检测时，应检查设备的性能指标，结果符合设计要求的应判定为合格。对于智能卡设备还应检测下列内容：

  1 智能卡与读写设备间的有效作用距离；

  2 智能卡与读写设备间的通信传输速率和读写验证处理时间；

  3 智能卡序号的唯一性。

16.0.5 信息化应用系统检测时，应测试业务功能和业务流程，结果符合软件需求规格说明的应判定为合格。

16.0.6 信息化应用系统检测时，应用软件的重要功能和性能测试应包括下列内容，结果符合软件需求规格说明的应判定为合格：

  1 重要数据删除的警告和确认提示；

  2 输入非法值的处理；

  3 密钥存储方式；

  4 对用户操作进行记录并保存的功能；

  5 各种权限用户的分配；

  6 数据备份和恢复功能；

  7 响应时间。

16.0.7 应用软件修改后，应进行回归测试，修改后的应用软件能满足软件需求规格说明的应判定为合格。

16.0.8 应用软件的一般功能和性能测试应包括下列内容，结果符合软件需求规格说明的应判定为合格：

  1 用户界面采用的语言；

  2 提示信息；

  3 可扩展性。

16.0.9 信息化应用系统检测时，应检查运行软件产品的设备中安装的软件，没有安装与业务应用无关的软件的应判定为合格。

16.0.10 信息化应用系统验收文件除应符合本规范第 3.4.4 条的规定外，尚应包括应用软件的软件需求规格说明、安装手册、操作手册、维护手册和测试报告。

17 建筑设备监控系统

17.0.1 建筑设备监控系统可包括暖通空调监控系统、变配电监测系统、公共照明监控系统、给排水监控系统、电梯和自动扶梯监测系统及能耗监测系统等。检测和验收的范围应根据设计要求确定。

17.0.2 建筑设备监控系统工程实施的质量控制除应符合本规范第 3 章的规定外，用于能耗结算的水、电、气和冷/热量表等，尚应检查制造计量器具许可证。

17.0.3 建筑设备监控系统检测应以系统功能测试为主，系统性能评测为辅。

17.0.4 建筑设备监控系统检测应采用中央管理工作站显示与现场实际情况对比的方法进行。

17.0.5 暖通空调监控系统的功能检测应符合下列规定：

1 检测内容应按设计要求确定；

2 冷热源的监测参数应全部检测；空调、新风机组的监测参数应按总数的 20% 抽检，且不应少于 5 台，不足 5 台时应全部检测；各种类型传感器、执行器应按 10% 抽检，且不应少于 5 只，不足 5 只时应全部检测；

3 抽检结果全部符合设计要求的应判定为合格。

17.0.6 变配电监测系统的功能检测应符合下列规定：

1 检测内容应按设计要求确定；

2 对高低压配电柜的运行状态、变压器的温度、储油罐的液位、各种备用电源的工作状态和联锁控制功能等应全部检测；各种电气参数检测数量应按每类参数抽 20%，且数量不应少于 20 点，数量少于 20 点时应全部检测；

3 抽检结果全部符合设计要求的应判定为合格。

17.0.7 公共照明监控系统的功能检测应符合下列规定：
   1 检测内容应按设计要求确定；
   2 应按照明回路总数的10％抽检，数量不应少于10路，总数少于10路时应全部检测；
   3 抽检结果全部符合设计要求的应判定为合格。

17.0.8 给排水监控系统的功能检测应符合下列规定：
   1 检测内容应按设计要求确定；
   2 给水和中水监控系统应全部检测；排水监控系统应抽检50％，且不得少于5套，总数少于5套时应全部检测；
   3 抽检结果全部符合设计要求的应判定为合格。

17.0.9 电梯和自动扶梯监测系统应检测启停、上下行、位置、故障等运行状态显示功能。检测结果符合设计要求的应判定为合格。

17.0.10 能耗监测系统应检测能耗数据的显示、记录、统计、汇总及趋势分析等功能。检测结果符合设计要求的应判定为合格。

17.0.11 中央管理工作站与操作分站的检测应符合下列规定：
   1 中央管理工作站的功能检测应包括下列内容：
      1）运行状态和测量数据的显示功能；
      2）故障报警信息的报告应及时准确，有提示信号；
      3）系统运行参数的设定及修改功能；
      4）控制命令应无冲突执行；
      5）系统运行数据的记录、存储和处理功能；
      6）操作权限；
      7）人机界面应为中文。
   2 操作分站的功能应检测监控管理权限及数据显示与中央管理工作站的一致性；
   3 中央管理工作站功能应全部检测，操作分站应抽检20％，且不得少于5个，不足5个时应全部检测；
   4 检测结果符合设计要求的应判定为合格。

17.0.12 建筑设备监控系统实时性的检测应符合下列规定：
　　1 检测内容应包括控制命令响应时间和报警信号响应时间；
　　2 应抽检10%且不得少于10台，少于10台时应全部检测；
　　3 抽测结果全部符合设计要求的应判定为合格。

17.0.13 建筑设备监控系统可靠性的检测应符合下列规定：
　　1 检测内容应包括系统运行的抗干扰性能和电源切换时系统运行的稳定性；
　　2 应通过系统正常运行时，启停现场设备或投切备用电源，观察系统的工作情况进行检测；
　　3 检测结果符合设计要求的应判定为合格。

17.0.14 建筑设备监控系统可维护性的检测应符合下列规定：
　　1 检测内容应包括：
　　　　1）应用软件的在线编程和参数修改功能；
　　　　2）设备和网络通信故障的自检测功能。
　　2 应通过现场模拟修改参数和设置故障的方法检测；
　　3 检测结果符合设计要求的应判定为合格。

17.0.15 建筑设备监控系统性能评测项目的检测应符合下列规定：
　　1 检测宜包括下列内容：
　　　　1）控制网络和数据库的标准化、开放性；
　　　　2）系统的冗余配置；
　　　　3）系统可扩展性；
　　　　4）节能措施。
　　2 检测方法应根据设备配置和运行情况确定；
　　3 检测结果符合设计要求的应判定为合格。

17.0.16 建筑设备监控系统验收文件除应符合本规范第3.4.4条的规定外，还应包括下列内容：
　　1 中央管理工作站软件的安装手册、使用和维护手册；
　　2 控制器箱内接线图。

18 火灾自动报警系统

18.0.1 火灾自动报警系统提供的接口功能应符合设计要求。

18.0.2 火灾自动报警系统工程实施的质量控制、系统检测和工程验收应符合现行国家标准《火灾自动报警系统施工及验收规范》GB 50166 的规定。

19 安全技术防范系统

19.0.1 安全技术防范系统可包括安全防范综合管理系统、入侵报警系统、视频安防监控系统、出入口控制系统、电子巡查系统和停车库（场）管理系统等子系统。检测和验收的范围应根据设计要求确定。

19.0.2 高风险对象的安全技术防范系统除应符合本规范的规定外，尚应符合国家现行有关标准的规定。

19.0.3 安全技术防范系统工程实施的质量控制除应符合本规范第3章的规定外，对于列入国家强制性认证产品目录的安全防范产品尚应检查产品的认证证书或检测报告。

19.0.4 安全技术防范系统检测应符合下列规定：

  1 子系统功能应按设计要求逐项检测；

  2 摄像机、探测器、出入口识读设备、电子巡查信息识读器等设备抽检的数量不应低于20%，且不应少于3台，数量少于3台时应全部检测；

  3 抽检结果全部符合设计要求的，应判定子系统检测合格。

  4 全部子系统功能检测均合格的，系统检测应判定为合格。

19.0.5 安全防范综合管理系统的功能检测应包括下列内容：

  1 布防/撤防功能；

  2 监控图像、报警信息以及其他信息记录的质量和保存时间；

  3 安全技术防范系统中的各子系统之间的联动；

  4 与火灾自动报警系统和应急响应系统的联动、报警信号的输出接口；

  5 安全技术防范系统中的各子系统对监控中心控制命令的响应准确性和实时性；

6 监控中心对安全技术防范系统中的各子系统工作状态的显示、报警信息的准确性和实时性。

19.0.6 视频安防监控系统的检测应符合下列规定：

　　1 应检测系统控制功能、监视功能、显示功能、记录功能、回放功能、报警联动功能和图像丢失报警功能等，并应按现行国家标准《安全防范工程技术规范》GB 50348 中有关视频安防监控系统检验项目、检验要求及测试方法的规定执行；

　　2 对于数字视频安防监控系统，还应检测下列内容：

　　　　1）具有前端存储功能的网络摄像机及编码设备进行图像信息的存储；

　　　　2）视频智能分析功能；

　　　　3）音视频存储、回放和检索功能；

　　　　4）报警预录和音视频同步功能；

　　　　5）图像质量的稳定性和显示延迟。

19.0.7 入侵报警系统的检测应包括入侵报警功能、防破坏及故障报警功能、记录及显示功能、系统自检功能、系统报警响应时间、报警复核功能、报警声级、报警优先功能等，并应按现行国家标准《安全防范工程技术规范》GB 50348 中有关入侵报警系统检验项目、检验要求及测试方法的规定执行。

19.0.8 出入口控制系统的检测应包括出入目标识读装置功能、信息处理/控制设备功能、执行机构功能、报警功能和访客对讲功能等，并应按现行国家标准《安全防范工程技术规范》GB 50348 中有关出入口控制系统检验项目、检验要求及测试方法的规定执行。

19.0.9 电子巡查系统的检测应包括巡查设置功能、记录打印功能、管理功能等，并应按现行国家标准《安全防范工程技术规范》GB 50348 中有关电子巡查系统检验项目、检验要求及测试方法的规定执行。

19.0.10 停车库（场）管理系统的检测应符合下列规定：

　　1 应检测识别功能、控制功能、报警功能、出票验票功能、管理功能和显示功能等，并应按现行国家标准《安全防范工程技术规范》GB 50348 中有关停车库（场）管理系统检验项目、检验要求及测试方法的规定执行；

  2 应检测紧急情况下的人工开闸功能。

19.0.11 安全技术防范系统检测时，应检查监控中心管理软件中电子地图显示的设备位置，且与现场位置一致的应判定为合格。

19.0.12 安全技术防范系统的安全性及电磁兼容性检测应符合现行国家标准《安全防范工程技术规范》GB 50348 的有关规定。

19.0.13 安全技术防范系统中的各子系统可分别进行验收。

20 应急响应系统

20.0.1 应急响应系统检测应在火灾自动报警系统、安全技术防范系统、智能化集成系统和其他关联智能化系统等通过系统检测后进行。

20.0.2 应急响应系统检测应按设计要求逐项进行功能检测。检测结果符合设计要求的应判定为合格。

21 机房工程

21.0.1 机房工程宜包括供配电系统、防雷与接地系统、空气调节系统、给水排水系统、综合布线系统、监控与安全防范系统、消防系统、室内装饰装修和电磁屏蔽等。检测和验收的范围应根据设计要求确定。

21.0.2 机房工程实施的质量控制除应符合本规范第3章的规定外，有防火性能要求的装饰装修材料还应检查防火性能证明文件和产品合格证。

21.0.3 机房工程系统检测前，宜检查机房工程的引入电源质量的检测记录。

21.0.4 机房工程验收时，应检测供配电系统的输出电能质量，检测结果符合设计要求的应判定为合格。

21.0.5 机房工程验收时，应检测不间断电源的供电时延，检测结果符合设计要求的应判定为合格。

21.0.6 机房工程验收时，应检测静电防护措施，检测结果符合设计要求的应判定为合格。

21.0.7 弱电间检测应符合下列规定：

  1 室内装饰装修应检测下列内容，检测结果符合设计要求的应判定为合格：

    1）房间面积、门的宽度及高度和室内顶棚净高；

    2）墙、顶和地的装修面层材料；

    3）地板铺装；

    4）降噪隔声措施。

  2 线缆路由的冗余应符合设计要求。

  3 供配电系统的检测应符合下列规定：

    1）电气装置的型号、规格和安装方式应符合设计要求；

2）电气装置与其他系统联锁动作的顺序及响应时间应符合设计要求；

　　3）电线、电缆的相序、敷设方式、标志和保护等应符合设计要求；

　　4）不间断电源装置支架应安装平整、稳固，内部接线应连接正确，紧固件应齐全、可靠不松动，焊接连接不应有脱落现象；

　　5）配电柜（屏）的金属框架及基础型钢接地应可靠；

　　6）不同回路、不同电压等级和交流与直流的电线的敷设应符合设计要求；

　　7）工作面水平照度应符合设计要求。

　4 空调通风系统应检测下列内容，检测结果符合设计要求的应判定为合格：

　　1）室内温度和湿度；

　　2）室内洁净度；

　　3）房间内与房间外的压差值。

　5 防雷与接地的检测应按本规范第 22 章的规定执行。

　6 消防系统的检测应按本规范第 18 章的规定执行。

21.0.8 对于本规范第 21.0.7 条规定的弱电间以外的机房，应按现行国家标准《电子信息系统机房施工及验收规范》GB 50462 中有关供配电系统、防雷与接地系统、空气调节系统、给水排水系统、综合布线系统、监控与安全防范系统、消防系统、室内装饰装修和电磁屏蔽等系统的检验项目、检验要求及测试方法的规定执行，检测结果符合设计要求的应判定为合格。

21.0.9 机房工程验收文件除应符合本规范第 3.4.4 条的规定外，尚应包括机柜设备装配图。

22 防雷与接地

22.0.1 防雷与接地宜包括智能化系统的接地装置、接地线、等电位联结、屏蔽设施和电涌保护器。检测和验收的范围应根据设计要求确定。

22.0.2 智能建筑的防雷与接地系统检测前,宜检查建筑物防雷工程的质量验收记录。

22.0.3 智能建筑的防雷与接地系统检测应检查下列内容,结果符合设计要求的应判定为合格:

1 接地装置及接地连接点的安装;
2 接地电阻的阻值;
3 接地导体的规格、敷设方法和连接方法;
4 等电位联结带的规格、联结方法和安装位置;
5 屏蔽设施的安装;
6 电涌保护器的性能参数、安装位置、安装方式和连接导线规格。

22.0.4 智能建筑的接地系统必须保证建筑内各智能化系统的正常运行和人身、设备安全。

22.0.5 智能建筑的防雷与接地系统的验收文件除应符合本规范第3.4.4条的规定外,尚应包括防雷保护设备的一览表。

附录 A 施工现场质量管理检查记录

表 A 施工现场质量管理检查记录

		资料编号	
工程名称		施工许可证（开工证）	
建设单位		项目负责人	
设计单位		项目负责人	
监理单位		总监理工程师	
施工单位		项目经理		项目技术负责人	

序号	项 目	内 容
1	现场质量管理制度	
2	质量责任制	
3	施工安全技术措施	
4	主要专业工种操作上岗证书	
5	施工单位资质与管理制度	
6	施工图审查情况	
7	施工组织设计、施工方案及审批	
8	施工技术标准	
9	工程质量检验制度	
10	现场设备、材料存放与管理	
11	检测设备、计量仪表检验	

检查结论：

　　总监理工程师
（建设单位项目负责人）　　　　　　　　　　　　年 月 日

附录 B 工程实施的质量控制记录

B.0.1 智能建筑的设备材料进场检验记录应按表 B.0.1 执行。

表 B.0.1 设备材料进场检验记录

工程名称					资料编号		
					检验日期		
序号	名称	规格型号	进场数量	生产厂家 合格证号	检验项目	检验结果	备注
检验结论:							
签字栏	施工单位			专业质检员		专业工长	检验员
	监理(建设)单位					专业工程师	

B.0.2 智能建筑的隐蔽工程（随工检查）验收记录应按表B.0.2执行。

表 B.0.2 隐蔽工程（随工检查）验收记录

			资料编号			
工程名称						
隐检项目			隐检日期			
隐检部位		层	轴线		标高	
隐检依据：施工图图号 _____，设计变更/洽商（编号 _____）及有关国家现行标准等。 主要材料名称及规格/型号：_____ _____						
隐检内容： 申报人：						
检查意见： 检查结论：□ 同意隐检　　　　　　□ 不同意，修改后进行复查						
复查结论： 复查人：　　　　　　　　　　　　　　　　　复查日期：						
签字栏	施工单位		专业技术负责人	专业质检员		专业工长
	监理（建设）单位		专业工程师			

B.0.3 智能建筑的安装质量及观感质量验收记录应按表 B.0.3 执行。

表 B.0.3 安装质量及观感质量验收记录

工程名称											资料编号				
系统名称										检查日期					
检查部位\检查项目	1	2	3	4	5	1	2	3	4	5	1	2	3	4	5
检查结论:															

签字栏	施工单位		专业技术负责人	专业质检员	专业工长
	监理(建设)单位			专业工程师	

B.0.4 智能建筑的自检记录应按表 B.0.4 执行。

表 B.0.4 自检记录

工程名称			编号		
系统名称			检测部位		
施工单位			项目经理		
执行标准名称及编号					
	自检内容	自检结果		备注	
		合格	不合格		
主控项目					
一般项目					
强制性条文					
施工单位的自检结论					
				专业技术负责人 年 月 日	

注：1 自检结果栏中，左列打"√"为合格，右列打"√"为不合格；
　　2 备注栏内填写自检时出现的问题。

B.0.5 智能建筑的分项工程质量验收记录应按表B.0.5执行。

表B.0.5 _____分项工程质量验收记录

工程名称		结构类型	
分部（子分部）工程名称		检验批数	
施工单位		项目经理	

序号	检验批名称、部位、区段	施工单位检查评定结果	监理（建设）单位验收结论
1			
2			
3			
4			
5			
6			
7			
8			
9			
10			
11			

说明	

检查结论	施工单位专业技术负责人： 年 月 日	验收结论	监理工程师： （建设单位项目专业技术负责人） 年 月 日

B.0.6 智能建筑的试运行记录应按表 B.0.6 执行。

表 B.0.6 试运行记录

			资料编号		
工程名称					
系统名称			试运行部位		
序号	日期/时间	系统试运转记录	值班人	备 注	
				系统试运转记录栏中，注明正常/不正常，并每班至少填写一次；不正常的要说明情况（包括修复日期）	
结论：					
签字栏	施工单位		专业技术负责人	专业质检员	施工员
	监理（建设）单位			专业工程师	

附录 C 检测记录

C.0.1 智能建筑的分项工程检测记录应按表 C.0.1 执行。

表 C.0.1 分项工程检测记录

工程名称		编号	
子分部工程			
分项工程名称		验收部位	
施工单位		项目经理	
施工执行标准名称及编号			
检测项目及抽检数	检测记录		备注

检测结论：

监理工程师签字　　　　　　　　　　　　检测负责人签字
（建设单位项目专业技术负责人）
　　　　年　月　日　　　　　　　　　　　　年　月　日

C.0.2 智能化集成系统子分部工程检测记录应按表 C.0.2 执行。

表 C.0.2 智能化集成系统子分部工程检测记录

工程名称				编号		
子分部名称		智能化集成系统		检测部位		
施工单位				项目经理		
执行标准名称及编号						
	检测内容	规范条款	检测结果记录	结果评价		备注
				合格	不合格	
主控项目	接口功能	4.0.4				
	集中监视、储存和统计功能	4.0.5				
	报警监视及处理功能	4.0.6				
	控制和调节功能	4.0.7				
	联动配置及管理功能	4.0.8				
	权限管理功能	4.0.9				
	冗余功能	4.0.10				
一般项目	文件报表生成和打印功能	4.0.11				
	数据分析功能	4.0.12				
检测结论:						
监理工程师签字 （建设单位项目专业技术负责人） 年 月 日				检测负责人签字 年 月 日		

注：1 结果评价栏中，左列打"√"为合格，右列打"√"为不合格；
  2 备注栏内填写检测时出现的问题。

C.0.3 用户电话交换系统子分部工程检测记录应按表 C.0.3 执行。

表C.0.3 用户电话交换系统子分部工程检测记录

工程名称				编号		
子分部名称	用户电话交换系统			检测部位		
施工单位				项目经理		
执行标准名称及编号						
	检测内容	规范条款	检测结果记录	结果评价		备注
				合格	不合格	
主控项目	业务测试	6.0.5				
	信令方式测试	6.0.5				
	系统互通测试	6.0.5				
	网络管理测试	6.0.5				
	计费功能测试	6.0.5				

检测结论：

监理工程师签字　　　　　　　　　　检测负责人签字
（建设单位项目专业技术负责人）
　　　　年　月　日　　　　　　　　　年　月　日

注：1 结果评价栏中，左列打"√"为合格，右列打"√"为不合格；
　　2 备注栏内填写检测时出现的问题。

C.0.4 信息网络系统子分部工程检测记录应按表C.0.4执行。

表 C.0.4 信息网络系统子分部工程检测记录

工程名称				编号		
子分部名称		信息网络系统		检测部位		
施工单位				项目经理		
执行标准名称及编号						
	检测内容	规范条款	检测结果记录	结果评价		备注
				合格	不合格	
主控项目	计算机网络系统连通性	7.2.3				
	计算机网络系统传输时延和丢包率	7.2.4				
	计算机网络系统路由	7.2.5				
	计算机网络系统组播功能	7.2.6				
	计算机网络系统 QoS 功能	7.2.7				
	计算机网络系统容错功能	7.2.8				
	计算机网络系统无线局域网的功能	7.2.9				
	网络安全系统安全保护技术措施	7.3.2				
	网络安全系统安全审计功能	7.3.3				
	网络安全系统有物理隔离要求的网络的物理隔离检测	7.3.4				
	网络安全系统无线接入认证的控制策略	7.3.5				
一般项目	计算机网络系统网络管理功能	7.2.10				
	网络安全系统远程管理时,防窃听措施	7.3.6				
检测结论: 监理工程师签字 (建设单位项目专业技术负责人) 年 月 日				检测负责人签字 年 月 日		

注:1 结果评价栏中,左列打"√"为合格,右列打"√"为不合格;
  2 备注栏内填写检测时出现的问题。

C.0.5 综合布线系统子分部工程检测记录应按表C.0.5执行。

表C.0.5 综合布线系统子分部工程检测记录

工程名称				编号		
子分部名称	综合布线系统			检测部位		
施工单位				项目经理		
执行标准名称及编号						
	检测内容	规范条款	检测结果记录	结果评价 合格	结果评价 不合格	备注
主控项目	对绞电缆链路或信道和光纤链路或信道的检测	8.0.5				
一般项目	标签和标识检测，综合布线管理软件功能	8.0.6				
一般项目	电子配线架管理软件	8.0.7				

检测结论：

监理工程师签字　　　　　　　　　　　　检测负责人签字
（建设单位项目专业技术负责人）
　　　年　月　日　　　　　　　　　　　年　月　日

注：1 结果评价栏中，左列打"√"为合格，右列打"√"为不合格；
　　2 备注栏内填写检测时出现的问题。

C.0.6 有线电视及卫星电视接收系统子分部工程检测记录应按表 C.0.6 执行。

表 C.0.6 有线电视及卫星电视接收系统子分部工程检测记录

工程名称				编号		
子分部名称	有线电视及卫星电视接收系统			检测部位		
施工单位				项目经理		
执行标准名称及编号						
	检测内容	规范条款	检测结果记录	结果评价		备注
				合格	不合格	
主控项目	客观测试	11.0.3				
	主观评价	11.0.4				
一般项目	HFC网络和双向数字电视系统下行测试	11.0.5				
	HFC网络和双向数字电视系统上行测试	11.0.6				
	有线数字电视主观评价	11.0.7				

检测结论：

监理工程师签字　　　　　　　　　　　　检测负责人签字
（建设单位项目专业技术负责人）
　　　年　月　日　　　　　　　　　　　　年　月　日

注：1 结果评价栏中，左列打"√"为合格，右列打"√"为不合格；
　　2 备注栏内填写检测时出现的问题。

C.0.7 公共广播系统子分部工程检测记录应按表 C.0.7 执行。

表 C.0.7 公共广播系统子分部工程检测记录

工程名称				编号		
子分部名称	公共广播系统			检测部位		
施工单位				项目经理		
执行标准名称及编号						

	检测内容	规范条款	检测结果记录	结果评价 合格	结果评价 不合格	备注
主控项目	公共广播系统的应备声压级	12.0.4				
	主观评价	12.0.5				
	紧急广播的功能和性能	12.0.6				
一般项目	业务广播和背景广播的功能	12.0.7				
	公共广播系统的声场不均匀度、漏出声衰减及系统设备信噪比	12.0.8				
	公共广播系统的扬声器分布	12.0.9				
强制性条文	当紧急广播系统具有火灾应急广播功能时,应检查传输线缆、槽盒和导管的防火保护措施	12.0.2				

检测结论:

监理工程师签字　　　　　　　　　　　检测负责人签字
(建设单位项目专业技术负责人)
　　　年　月　日　　　　　　　　　　　　年　月　日

注:1 结果评价栏中,左列打"√"为合格,右列打"√"为不合格;
　　2 备注栏内填写检测时出现的问题。

C.0.8 会议系统子分部工程检测记录应按表 C.0.8 执行。

表 C.0.8 会议系统子分部工程检测记录

工程名称				编号		
子分部名称	会议系统			检测部位		
施工单位				项目经理		
执行标准名称及编号						
	检测内容	规范条款	检测结果记录	结果评价 合格	结果评价 不合格	备注
主控项目	会议扩声系统声学特性指标	13.0.5				
主控项目	会议视频显示系统显示特性指标	13.0.6				
主控项目	具有会议电视功能的会议灯光系统的平均照度值	13.0.7				
主控项目	与火灾自动报警系统的联动功能	13.0.8				
一般项目	会议电视系统检测	13.0.9				
一般项目	其他系统检测	13.0.10				

检测结论：

监理工程师签字　　　　　　　　　　　检测负责人签字
(建设单位项目专业技术负责人)
　　　　　　年　月　日　　　　　　　　　　　年　月　日

注：1　结果评价栏中，左列打"√"为合格，右列打"√"为不合格；
　　2　备注栏内填写检测时出现的问题。

C.0.9 信息导引及发布系统子分部工程检测记录应按表C.0.9执行。

表C.0.9 信息导引及发布系统子分部工程检测记录

工程名称				编号		
子分部名称	信息导引及发布系统			检测部位		
施工单位				项目经理		
执行标准名称及编号						
	检测内容	规范条款	检测结果记录	结果评价		备注
				合格	不合格	
主控项目	系统功能	14.0.3				
	显示性能	14.0.4				
一般项目	自动恢复功能	14.0.5				
	系统终端设备的远程控制功能	14.0.6				
	图像质量主观评价	14.0.7				

检测结论：

监理工程师签字　　　　　　　　　　检测负责人签字
（建设单位项目专业技术负责人）
　　　　年　月　日　　　　　　　　　　年　月　日

注：1 结果评价栏中，左列打"√"为合格，右列打"√"为不合格；
　　2 备注栏内填写检测时出现的问题。

C.0.10 时钟系统子分部工程检测记录应按表 C.0.10 执行。

表 C.0.10 时钟系统子分部工程检测记录

工程名称				编号		
子分部名称	时钟系统			检测部位		
施工单位				项目经理		
执行标准名称及编号						
	检测内容	规范条款	检测结果记录	结果评价		备注
				合格	不合格	
主控项目	母钟与时标信号接收器同步、母钟对子钟同步校时的功能	15.0.3				
	平均瞬时日差指标	15.0.4				
	时钟显示的同步偏差	15.0.5				
	授时校准功能	15.0.6				
一般项目	母钟、子钟和时间服务器等运行状态的监测功能	15.0.7				
	自动恢复功能	15.0.8				
	系统的使用可靠性	15.0.9				
	有日历显示的时钟换历功能	15.0.10				
检测结论：						
监理工程师签字 (建设单位项目专业技术负责人) 　　　　年 月 日			检测负责人签字 　　　　年 月 日			

注：1 结果评价栏中，左列打"√"为合格，右列打"√"为不合格；
　　2 备注栏内填写检测时出现的问题。

C.0.11 信息化应用系统子分部工程检测记录应按表C.0.11执行。

表C.0.11 信息化应用系统子分部工程检测记录

工程名称				编号		
子分部名称	信息化应用系统			检测部位		
施工单位				项目经理		
执行标准名称及编号						
	检测内容	规范条款	检测结果记录	结果评价		备注
				合格	不合格	
主控项目	检查设备的性能指标	16.0.4				
	业务功能和业务流程	16.0.5				
	应用软件功能和性能测试	16.0.6				
	应用软件修改后回归测试	16.0.7				
一般项目	应用软件功能和性能测试	16.0.8				
	运行软件产品的设备中与应用软件无关的软件检查	16.0.9				

检测结论：

监理工程师签字　　　　　　　　　　检测负责人签字
（建设单位项目专业技术负责人）
　　　年　月　日　　　　　　　　　　年　月　日

注：1 结果评价栏中，左列打"√"为合格，右列打"√"为不合格；
　　2 备注栏内填写检测时出现的问题。

C.0.12 建筑设备监控系统子分部工程检测记录应按表 C.0.12 执行。

表 C.0.12 建筑设备监控系统子分部工程检测记录

工程名称				编号		
子分部名称	建筑设备监控系统			检测部位		
施工单位				项目经理		
执行标准名称及编号						
	检测内容	规范条款	检测结果记录	合格	不合格	备注
主控项目	暖通空调监控系统的功能	17.0.5				
	变配电监测系统的功能	17.0.6				
	公共照明监控系统的功能	17.0.7				
	给排水监控系统的功能	17.0.8				
	电梯和自动扶梯监测系统启停、上下行、位置、故障等运行状态显示功能	17.0.9				
	能耗监测系统能耗数据的显示、记录、统计、汇总及趋势分析等功能	17.0.10				
	中央管理工作站与操作分站功能及权限	17.0.11				
	系统实时性	17.0.12				
	系统可靠性	17.0.13				
一般项目	系统可维护性	17.0.14				
	系统性能评测项目	17.0.15				

检测结论：

监理工程师签字　　　　　　　　　　　检测负责人签字
（建设单位项目专业技术负责人）
　　　　　　　年 月 日　　　　　　　　　　年 月 日

注：1 结果评价栏中，左列打"√"为合格，右列打"√"为不合格；
　　2 备注栏内填写检测时出现的问题。

C.0.13 安全技术防范系统子分部工程检测记录应按表C.0.13执行。

表 C.0.13 安全技术防范系统子分部工程检测记录

工程名称				编号			
子分部名称		安全技术防范系统		检测部位			
施工单位				项目经理			
执行标准名称及编号							
	检测内容		规范条款	检测结果记录	结果评价		备注
					合格	不合格	
主控项目	安全防范综合管理系统的功能		19.0.5				
	视频安防监控系统控制功能、监视功能、显示功能、存储功能、回放功能、报警联动功能和图像丢失报警功能		19.0.6				
	入侵报警系统的入侵报警功能、防破坏及故障报警功能、记录及显示功能、系统自检功能、系统报警响应时间、报警复核功能、报警声级、报警优先功能		19.0.7				
	出入口控制系统的出入目标识读装置功能、信息处理/控制设备功能、执行机构功能、报警功能和访客对讲功能		19.0.8				
	电子巡查系统的巡查设置功能、记录打印功能、管理功能		19.0.9				
	停车库（场）管理系统的识别功能、控制功能、报警功能、出票验票功能、管理功能和显示功能		19.0.10				
一般项目	监控中心管理软件中电子地图显示的设备位置		19.0.11				
	安全性及电磁兼容性		19.0.12				
检测结论： 监理工程师签字　　　　　　　　　　　　检测负责人签字 （建设单位项目专业技术负责人） 　　　　年　月　日　　　　　　　　　　　年　月　日							
注：1 结果评价栏中，左列打"√"为合格，右列打"√"为不合格； 　　2 备注栏内填写检测时出现的问题。							

C.0.14 应急响应系统子分部工程检测记录应按表 C.0.14 执行。

表 C.0.14 应急响应系统子分部工程检测记录

工程名称				编号		
子分部名称	应急响应系统			检测部位		
施工单位				项目经理		
执行标准名称及编号						
	检测内容	规范条款	检测结果记录	结果评价		备注
				合格	不合格	
主控项目	功能检测	20.0.2				
检测结论：						

监理工程师签字 　　　　　　　　　　检测负责人签字
(建设单位项目专业技术负责人)
　　　　　年 月 日 　　　　　　　　　年 月 日

注：1 结果评价栏中，左列打"√"为合格，右列打"√"为不合格；
　　2 备注栏内填写检测时出现的问题。

C.0.15 机房工程子分部工程检测记录应按表C.0.15执行。

表C.0.15 机房工程子分部工程检测记录

工程名称						编号	
子分部名称		机房工程				检测部位	
施工单位						项目经理	
执行标准名称及编号							
	检测内容		规范条款	检测结果记录	结果评价		备注
					合格	不合格	
主控项目	供配电系统的输出电能质量		21.0.4				
	不间断电源的供电时延		21.0.5				
	静电防护措施		21.0.6				
	弱电间检测		21.0.7				
	机房供配电系统、防雷与接地系统、空气调节系统、给水排水系统、综合布线系统、监控与安全防范系统、消防系统、室内装饰装修和电磁屏蔽等系统检测		21.0.8				
检测结论：							
监理工程师签字 (建设单位项目专业技术负责人) 　　　　年　月　日				检测负责人签字 　　　年　月　日			

注：1 结果评价栏中，左列打"√"为合格，右列打"√"为不合格；
　　2 备注栏内填写检测时出现的问题。

C.0.16 防雷与接地子分部工程检测记录应按表 C.0.16 执行。

表 C.0.16 防雷与接地子分部工程检测记录

工程名称				编号			
子分部名称	防雷与接地			检测部位			
施工单位				项目经理			
执行标准名称及编号							
	检测内容	规范条款	检测结果记录	结果评价		备注	
				合格	不合格		
主控项目	接地装置与接地连接点安装	22.0.3					
	接地导体的规格、敷设方法和连接方法	22.0.3					
	等电位联结带的规格、联结方法和安装位置	22.0.3					
	屏蔽设施的安装	22.0.3					
	电涌保护器的性能参数、安装位置、安装方式和连接导线规格	22.0.3					
强制性条文	智能建筑的接地系统必须保证建筑内各智能化系统的正常运行和人身、设备安全	22.0.4					

检测结论：

监理工程师签字　　　　　　　　　　　检测负责人签字
（建设单位项目专业技术负责人）
　　　　　　　　年　月　日　　　　　　　　　　　年　月　日

注：1 结果评价栏中，左列打"√"为合格，右列打"√"为不合格；
　　2 备注栏内填写检测时出现的问题。

C.0.17 智能建筑分部工程检测汇总记录应按表 C.0.17 执行。

表 C.0.17 分部工程检测汇总记录

工程名称				编号	
设计单位			施工单位		
子分部名称	序号	内容及问题		检测结果	
				合格	不合格

检测结论：

检测负责人签字
年　月　日

注：在检测结果栏，按实际情况在相应空格内打"√"（左列打"√"为合格，右列打"√"为不合格）。

附录 D 分部（子分部）工程验收记录

D.0.1 智能建筑分部（子分部）工程质量验收记录应按表 D.0.1 执行。

表 D.0.1 ＿＿＿＿＿＿＿＿＿＿分部（子分部）工程质量验收记录

工程名称		结构类型		层数	
施工单位		技术负责人		质量负责人	
序号	子分部（分项）工程名称	分项工程（检验批）数	施工单位检查评定	验收意见	
1					
2	质量控制资料				
3	安全和功能检验（检测）报告				
4	观感质量验收				
验收单位	施工单位	项目经理		年 月 日	
	设计单位	项目负责人		年 月 日	
	监理（建设）单位				

D.0.2 智能建筑工程验收资料审查记录应按表 D.0.2 执行。

表 D.0.2 工程验收资料审查记录

工程名称		施工单位		
序号	资料名称	份数	审核意见	审核人
1	图纸会审、设计变更、洽商记录、竣工图及设计说明			
2	材料、设备出厂合格证及技术文件及进场检（试）验报告			
3	隐蔽工程验收记录			
4	系统功能测定及设备调试记录			
5	系统技术、操作和维护手册			
6	系统管理、操作人员培训记录			
7	系统检测报告			
8	工程质量验收记录			

结论：

总监理工程师：

施工单位项目经理： （建设单位项目负责人）

年 月 日 年 月 日

D.0.3 智能建筑工程质量验收结论汇总记录应按表 D.0.3 执行。

表 D.0.3 验收结论汇总记录

工程名称		编号	
设计单位		施工单位	
工程实施的质量控制检验结论		验收人签名：	年 月 日
系统检测结论		验收人签名：	年 月 日
系统检测抽检结果		抽检人签名：	年 月 日
观感质量验收		验收人签名：	年 月 日
资料审查结论		审查人签名：	年 月 日
人员培训考评结论		考评人签名：	年 月 日
运行管理队伍及规章制度审查		审查人签名：	年 月 日
设计等级要求评定		评定人签名：	年 月 日
系统验收结论		验收小组组长签名： 日期：	
建议与要求： 验收组长、副组长签名：			

注：1 本汇总表须附本附录所有表格、行业要求的其他文件及出席验收会与验收机构人员名单（签到）。
　　2 验收结论一律填写"合格"或"不合格"。

本规范用词说明

1 为便于在执行本规范条文时区别对待，对要求严格程度不同的用词说明如下：
　　1）表示很严格，非这样做不可的用词：
　　　正面词采用"应"，反面词采用"严禁"；
　　2）表示严格，在正常情况下均应这样做的用词：
　　　正面词采用"应"，反面词采用"不应"或"不得"；
　　3）表示允许稍有选择，在条件许可时首先应这样做的用词：
　　　正面词采用"宜"，反面词采用"不宜"；
　　4）表示有选择，在一定条件下可以这样做的用词采用"可"。

2 条文中指明应按其他有关标准执行的写法为："应符合……的规定"或"应按……执行"。

引用标准名录

1 《火灾自动报警系统施工及验收规范》GB 50166
2 《综合布线系统工程验收规范》GB 50312
3 《安全防范工程技术规范》GB 50348
4 《电子信息系统机房施工及验收规范》GB 50462
5 《红外线同声传译系统工程技术规范》GB 50524
6 《视频显示系统工程测量规范》GB/T 50525
7 《智能建筑工程施工规范》GB 50606
8 《通信局（站）防雷与接地工程设计规范》GB 50689
9 《厅堂扩声特性测量方法》GB/T 4959
10 《信息安全技术 信息系统安全等级保护基本要求》GB/T 22239
11 《时间同步系统》QB/T 4054
12 《电信设备安装抗震设计规范》YD 5059

中华人民共和国国家标准

智能建筑工程质量验收规范

GB 50339-2013

条 文 说 明

修 订 说 明

《智能建筑工程质量验收规范》GB 50339－2013，经住房和城乡建设部 2013 年 6 月 26 日以第 83 号公告批准、发布。

本规范是在《智能建筑工程质量验收规范》GB 50339－2003 的基础上修订而成，上一版的主编单位是清华同方股份有限公司，参编单位是建设部建筑智能化系统工程设计专家工作委员会、北京市建筑设计研究院、信息产业部北京邮电设计院、中国建筑标准设计研究所、上海现代建筑设计（集团）有限公司、中国电子工程设计院、中国电信集团公司、北京华夏正邦科技有限公司、北京中加集成智能系统工程有限公司、厦门市万安科技有限公司、广州市机电安装有限公司、深圳鑫王自动化工程有限公司、武汉安泰系统工程有限公司、北京寰岛中安安全系统工程技术有限公司、巨龙信息技术有限责任公司、上海市安装工程有限公司、北京金智厦建筑智能化系统工程咨询有限公司、海湾科技集团有限公司，主要起草人员是江亿、孙述璞、张青虎、濮容生、张宜、孙兰、崔晓东、杨维迅、岳子平、王家隽、刘延宁、龚代明、王冬松、杨柱石、于凡、黄与群、王辉、段文凯、吴翘、郝斌、路刚、陈海岩。

本次修订的主要技术内容是：1. 总则。2. 术语和符号。3. 基本规定。4. 智能化集成系统。5. 信息接入系统。6. 用户电话交换系统。7. 信息网络系统。8. 综合布线系统。9. 移动通信室内信号覆盖系统。10. 卫星通信系统。11. 有线电视及卫星电视接收系统。12. 公共广播系统。13. 会议系统。14. 信息导引及发布系统。15. 时钟系统。16. 信息化应用系统。17. 建筑设备监控系统。18. 火灾自动报警系统。19. 安全技术防范系统。20. 应急响应系统。21. 机房工程。22. 防雷与接地。另有附录 A～

附录D，共4部分。

  本规范修订过程中，编制组进行了对上版规范执行情况的调查研究，总结了我国工程建设智能建筑专业领域近年来的实践经验，同时参考了国外先进技术法规和标准。取消了住宅（小区）智能化1章；增加了移动通信室内信号覆盖系统、卫星通信系统、会议系统、信息导引及发布系统、时钟系统和应急响应系统6章；将原第4章通信网络系统拆分为信息接入系统、用户电话交换系统、有线电视及卫星电视接收系统和公共广播系统共4章；将原第5章信息网络系统拆分为信息网络系统和信息化应用系统2章，将原第12章环境调整为机房工程，对保留的各章所涉及的主要技术内容进行了补充、完善和必要的修改。

  为便于广大设计、施工、科研、学校等单位有关人员在使用本规范时能正确理解和执行条文规定，《智能建筑工程质量验收规范》编制组按章、节、条顺序编制了本标准的条文说明，对条文规定的目的、依据以及执行中需要注意的有关事项进行了说明，还着重对强制性条文的强制性理由做了解释。但是，本条文说明不具备与规范正文同等的法律效力，仅供使用者作为理解和把握规范规定的参考。

目　次

1 总则	80
3 基本规定	81
3.1 一般规定	81
3.2 工程实施的质量控制	82
3.3 系统检测	82
3.4 分部（子分部）工程验收	83
4 智能化集成系统	85
5 信息接入系统	88
6 用户电话交换系统	89
7 信息网络系统	90
7.1 一般规定	90
7.2 计算机网络系统检测	91
7.3 网络安全系统检测	91
8 综合布线系统	93
9 移动通信室内信号覆盖系统	94
10 卫星通信系统	95
11 有线电视及卫星电视接收系统	96
12 公共广播系统	99
13 会议系统	103
14 信息导引及发布系统	106
15 时钟系统	107
16 信息化应用系统	108
17 建筑设备监控系统	109
19 安全技术防范系统	111

20	应急响应系统…………………………………………	113
21	机房工程……………………………………………	114
22	防雷与接地…………………………………………	115

1 总 则

1.0.1 明确规范制定的目的。本规范中智能建筑工程是指建筑智能化系统工程。

智能建筑工程是建筑工程中不可缺少的组成部分，需要一套规范来指导我国智能建筑工程建设的质量验收。本规范修订中坚持了"验评分离、强化验收、完善手段、过程控制"的指导思想，规定了智能建筑工程质量的验收方法、程序和质量指标。

1.0.3 规范性引用文件的规定。

1 本规范根据《建筑工程施工质量验收统一标准》GB 50300 规定的原则编制，执行本规范时还应与《智能建筑设计标准》GB/T 50314 和《智能建筑工程施工规范》GB 50606 配套使用；

2 本规范所引用的国家现行标准是指现行的工程建设国家标准和行业标准；

3 合同和工程文件中要求采用国际标准时，应按要求采用适用的国际标准，但不应低于本规范的规定。

3 基 本 规 定

3.1 一 般 规 定

3.1.1 为贯彻"验评分离、强化验收、完善手段、过程控制"的十六字方针,根据智能建筑的特点,将智能建筑工程质量验收过程划分为"工程实施的质量控制"、"系统检测"和"工程验收"三个阶段。

根据工程实践的经验,占绝大多数的不合格工程都是由于设备、材料不合格造成的,因此在工程中把好设备、材料的质量关是非常重要的。其主要办法就是在设备、器材进场时进行验收。而智能化系统涉及的产品种类繁多,因此对其质量检查单独进行规定。

3.1.2 智能建筑工程中子分部工程和分项工程的划分。

对于单位建筑工程,智能建筑工程为其中的一个分部工程。根据智能建筑工程的特点,本规范按照专业系统及类别划分为若干子分部工程,再按照主要工种、材料、施工工艺和设备类别等划分为若干分项工程。

不同功能的建筑还可能配置其他相关的专业系统,如医院的呼叫对讲系统、体育场馆的升旗系统、售验票系统等等,可根据工程项目内容补充作为子分部工程进行验收。

3.1.3 工程施工完成后,通电进行试运行是对系统运行稳定性观察的重要阶段,也是对设备选用、系统设计和实际施工质量的直接检验。

各系统应在调试自检完成后进行一段时间连续不中断的试运行,当有联动功能时需要联动试运行。试运行中如出现系统故障,应在排除故障后,重新开始试运行直至满120h。

3.2 工程实施的质量控制

3.2.1 关于工程实施的质量控制检查内容的规定。

施工过程的质量控制应符合现行国家标准《建筑工程施工质量验收统一标准》GB 50300 和《智能建筑工程施工规范》GB 50606 的规定。验收时应检查施工过程中形成的记录。

3.2.10 软件产品的质量控制要求。

软件产品分为商业软件和针对项目编制的应用软件两类。

商业软件包括：操作系统软件、数据库软件、应用系统软件、信息安全软件和网管软件等；商业化的软件应提供完整的文档，包括：安装手册、使用和维护手册等。

针对项目编制的应用软件包括：用户应用软件、用户组态软件及接口软件等；针对项目编制的软件应提供完整的文档，包括：软件需求规格说明、安装手册、使用和维护手册及软件测试报告等。

3.2.11 接口的质量控制要求。

接口通常由接口设备及与之配套的接口软件构成，实现系统之间的信息交互。接口是智能建筑工程中出现问题最多的环节，因此本条对接口的检测验收程序和要求作了专门规定。

由于接口涉及智能建筑工程施工单位和接口提供单位，且需要多方配合完成，建设单位（项目监理机构）在设计阶段应组织相关单位提交接口技术文件和接口测试文件，这两个文件均需各方确认，在接口测试阶段应检查接口双方签字确认的测试结果记录，以保证接口的制造质量。

3.3 系 统 检 测

3.3.3 关于系统检测的组织的规定。

系统检测应由建设单位组织专人进行。因为智能建筑与信息技术密切相关，应用新技术和新产品多，且技术发展迅速，进行智能建筑工程的系统检测应有合格的检测人员和相关的检测设备。

公共机构是指全部或部分使用财政性资金的国家机关、事业单位和团体组织；为保证工程质量，也由于智能建筑工程各系统的专业性，系统检测应由建设单位委托具有相关资质的专业检测机构实施。

智能建筑工程专业检测机构的资质目前有几种：1. 通过智能建筑工程检测的计量（CMA）认证，取得《计量认证证书》；2. 省（市）以上政府建设行政主管部门颁发的《智能建筑工程检测资质证书》；3. 中国合格评定国家认可委员会（CNAS）实验室认可评审的《实验室认可证书》和《检查机构认可证书》，通过认可的检查机构既可以出具《智能建筑工程检测报告》，也可以出具《智能建筑工程检查/鉴定报告》。

3.3.4 关于系统检测的规定。

应根据工程技术文件以及本规范的相关规定来编制系统检测方案，项目如有特殊要求应在工程设计说明中包括系统功能及性能的要求。此条款体现了动态跟进技术发展的思想，既能跟上技术的发展，又能做到检测要求合理和保证工程质量。

子分部中的分项工程含有其他分项工程的设备和材料时，应参照相关分项的规定进行。例如，其他系统中的光缆敷设应按照本规范第8章的规定进行检测，网络设备和应用软件应分别按照本规范第7章和第16章的规定进行检测。

3.3.5 本条对检测结论与处理只做原则性规定，各系统将根据其自身特点和质量控制要求作出具体规定。

第3款 由于智能建筑工程通常接口遇到的问题较多，为保证各方对接口的重视，做此规定。凡是被集成系统接口检测不合格的，则判定为该系统和集成系统的系统检测均不合格。

3.4 分部（子分部）工程验收

3.4.4 工程验收文件的内容。

第1款 竣工图纸包括系统设计说明、系统结构图、施工平面图和设备材料清单等内容。各系统如有特殊要求详见各章的相关规定。

第7款 培训一般有现场操作、系统操作和使用维护等内容，根据各系统情况编制培训资料。各系统如有特殊要求详见各章的相关规定。

3.4.5 本条所列验收内容是各系统在验收时应进行认真查验的内容，但不限于此内容。本规范中各系统有特殊要求时，可在各章中作出补充规定。

第2款 主要是对在系统检测和试运行中发现问题的子系统或项目部分进行复检。

第3款 观感质量包括设备的布局合理性、使用方便性及外观等内容。

4 智能化集成系统

4.0.1 本系统的设备包括：集成系统平台与被集成子系统连通需要的综合布线设备、网络交换机、计算机网卡、硬线连接、服务器、工作站、网络安全、存储、协议转换设备等。

软件包括：集成系统平台软件（各子系统进行信息交互的平台，可进行持续开发和扩展功能，具有开放架构的成熟的应用软件）及基于平台的定制功能软件、数据库软件、操作系统、防病毒软件、网络安全软件、网管软件等。

接口是指被集成子系统与集成平台软件进行数据互通的通信接口。

集成功能包括下列内容：

1 数据集中监视、统计和储存

通过统一的人机界面显示子系统各种数据并进行统计和存档，数据显示与被集成子系统一致，数据响应时间满足使用要求。能够支持的同时在线设备数量及用户数量、并发访问能力满足使用要求。

2 报警监视及处理

通过统一的人机界面实现对各系统中报警数据的显示，并能提供画面和声光报警。可根据各种设备的有关性能指标，指定相应的报警规则，通过电脑显示器，显示报警具体信息并打印，同时可按照预先设置发送给相应管理人员。报警数据显示与被集成子系统一致，数据响应时间满足使用要求。

3 文件报表生成和打印

能将报警、数据统计、操作日志等按用户定制格式生成和打印报表。

4 控制和调节

通过集成系统设置参数，调节和控制子系统设备。控制响应时间满足使用要求。

5 联动配置及管理

通过集成系统配置子系统之间的联动策略，实现跨系统之间的联动控制等。控制响应时间满足使用要求。

6 数据分析

提供历史数据分析，为第三方软件，例如：物业管理软件、办公管理软件、节能管理软件等提供设备运行情况、设备维护预警、节能管理等方面的标准化数据以及决策依据。

安全性包括：

1 权限管理

具有集中统一的用户注册管理功能，并根据注册用户的权限，开放不同的功能。权限级别至少具有管理级、操作级、浏览级等。

2 冗余

双机备份及切换、数据库备份、备用电源及切换和通信链路的冗余切换、故障自诊断、事故情况下的安全保障措施。

4.0.3 关于系统检测的总体规定。其中检测点应包括各被集成系统，抽检比例或点数详见后续规定。

4.0.5 关于集中监视、储存和统计功能检测的规定。

关于抽检数量的确定，以大型公共建筑的智能化集成系统进行测算。大型公共建筑一般指建筑面积 2 万 m^2 以上的办公建筑、商业建筑、旅游建筑、科教文卫建筑、通信建筑以及交通运输用房。对于 2 万 m^2 的公共建筑，被集成系统通常包括：建筑设备监控系统，安全技术防范系统，火灾自动报警系统，公共广播系统，综合布线系统等。集成的信息包括数值、语音和图像等，总信息点数约为 2000（不同功能建筑的系统配置会有不同），按 5％比例的抽检点数约为 100 点，考虑到每个被集成系统都要抽检，规定每个被集成系统的抽检点数下限为 20 点。

20 万 m^2 的大型公共建筑或集成信息点为 2 万的集成系统抽

检总点数约为 1000 点，已涵盖绝大多数实际工程的使用范围，而且考虑到系统检测的周期和经费等问题，推荐抽检总点数不超过 1000 点。

4.0.6 关于报警监视及处理功能检测的规定。

考虑到报警信息比较重要而且报警点也相对较少，抽检比例比第 4.0.5 条的规定增加一倍。

4.0.7 关于控制和调节功能检测的规定。

考虑到控制和调节点很少且重要，因此规定进行全检。

4.0.8 关于联动配置及管理功能检测的规定。

与第 4.0.7 条类似，联动功能很重要，因此规定进行全检。

4.0.10 冗余功能包括双机备份及切换、数据库备份、备用电源及切换和通信链路冗余切换、故障自诊断，事故情况下的安全保障措施。

5 信息接入系统

5.0.1 目前，智能建筑工程中信息接入系统大多由电信运营商或建设单位测试验收。本章仅为保障信息接入系统的通信畅通，对通信设备安装场地的检查提出技术要求。

6 用户电话交换系统

6.0.1 考虑到用户电话交换设备本身可以具备调度功能、会议电话功能和呼叫中心功能，在用户容量较大时，可单独设置调度系统、会议电话系统和呼叫中心。因此本章用户电话交换系统工程的验收还适用于调度系统、会议电话系统和呼叫中心的验收内容和要求。

6.0.6 考虑到在测试阶段一般不具备接入设备容量20%以上的用户终端设备或电路的条件，为了满足整个智能建筑工程验收的进度要求，系统检测合格后，可进入智能建筑工程验收阶段。

待智能化系统通过验收，用户入驻，当接入的用户终端设备与电路容量满足试运转条件后，方可进行系统的试运转。系统试运转时间不应小于3个月，试运转期间设备运行应满足下列要求：

1 试运转期间，因元器件损坏等原因，需要更换印制板的次数每月不应大于0.04次/100户及0.004次/30路PCM。

2 试运转期间，因软件编程错误造成的故障不应大于2件/月。

3 呼叫测试

　　1）局内接通率测试应符合下列规定：
　　　　a　处理器正常工作时，接通率不应小于99%。
　　　　b　处理器超负荷20%时，接通率不应小于95%。
　　2）局间接通率测试应符合下列规定：
　　　　a　处理器正常工作时，接通率不应小于99.5%。
　　　　b　处理器超负荷20%时，接通率不应小于97.5%。

7 信息网络系统

7.1 一般规定

7.1.1 本条对信息网络系统所涉及的具体检测和验收范围进行界定。由于信息网络系统的含义较为宽泛，而智能建筑工程中一般只包括计算机网络系统和网络安全系统。因为信息网络系统是通信承载平台，会因承载业务和传输介质的不同而有不同的功能及检测要求，所以本章对信息网络系统进行了不同层次的划分以便于验收的实施。根据承载业务的不同，分为业务办公网和智能化设备网；根据传输介质的不同，分为有线网和无线网。

当前建筑智能化系统中存在大量采用 IP 网络架构的设备，本章规定了智能化设备网的验收内容。智能化设备网是指在建筑物内构建相对独立的 IP 网络，用于承载安全技术防范系统、建筑设备监控系统、公共广播系统、信息导引及发布系统等业务。智能化设备网可采用单独组网或统一组网的网络架构，并根据各系统的业务需求和数据特征，通过 VLAN、QoS 等保障策略对数据流量提供高可靠、高实时和高安全的传输承载服务。因智能化设备网承载的业务对网络性能具有特殊要求，故验收标准应与业务办公网有所差异。

根据国家标准《信息安全技术 信息系统安全等级保护基本要求》GB/T 22239-2008 的规定，广义的信息安全包括物理安全、网络安全、主机安全、数据安全和应用安全五个层面，本章中提到的网络安全只是其中的一个层面。

7.1.3 本规定根据公安部 1997 年 12 月 12 日下发的《计算机信息系统安全专用产品检测和销售许可证管理办法》制订。

7.2 计算机网络系统检测

7.2.1 智能化设备网需承载音视频等多媒体业务，对延时和丢包等网络性能要求较高，尤其公共广播系统经常通过组播功能发送数据，因此，智能化设备网应具备组播功能和一定的 QoS 功能。

7.2.3 系统连通性的测试方法及测试合格指标，可按《基于以太网技术的局域网系统验收测评规范》GB/T 21671-2008 第 7.1.1 条的相关规定执行。

7.2.4 传输时延和丢包率的测试方法及测试合格指标，可依照国家标准《基于以太网技术的局域网系统验收测评规范》GB/T 21671-2008 第 7.1.4 条和第 7.1.5 条的相关规定执行。

7.2.5 路由检测的方法及测试合格指标，可依照《具有路由功能的以太网交换机测试方法》YD/T 1287 的相关规定执行。

7.2.6 建筑智能化系统中的视频安防监控、公共广播、信息导引及发布系统的部分业务流需采用组播功能。

7.2.7 通过 QoS，网络系统能够对报警数据、视频流等对实时性要求较高的数据提供优先服务，从而保证较低的时延。

7.2.9 无线局域网的检测要求。

　　第 1 款　是对无线网络覆盖范围内的接入信号强度作出的规定。dBm 是无线通信领域内的常用单位，表示相对于 1 毫瓦的分贝数，中文名称为分贝毫瓦，在各国移动通信技术规范中广泛使用 dBm 单位对无线信号强度和设备发射功率进行描述。

　　第 5 款　无线接入点的抽测比例按照国家标准《基于以太网技术的局域网系统验收测评规范》GB/T 21671-2008 中的抽测比例规定执行。

7.3 网络安全系统检测

7.3.1 根据国家标准《信息安全技术　信息系统安全等级保护基本要求》GB/T 22239-2008，信息系统安全基本技术要求从物理安全、网络安全、主机安全、应用安全和数据安全五个层面提出，本标准仅限于网络安全层面。

根据信息安全技术的国家标准，信息系统安全采用等级保护体系，共设置五级安全保护等级。在每一级安全保护等级中，均对网络安全内容进行了明确规定。建筑智能化工程中的网络安全系统检测，应符合信息系统安全等级保护体系的要求，严格按照设计确定的防护等级进行相关项目检测。

7.3.2 网络安全措施的要求。

本条制定的依据来自于公安部第 82 号令《互联网安全保护技术措施规定》，互联网服务提供者和联网使用单位应当落实下列互联网安全保护技术措施：防范计算机病毒、网络入侵和攻击破坏等危害网络安全事项或者行为的技术措施；重要数据库和系统主要设备的冗灾备份等措施。尤其智能化设备网所承载的视频安防监控、出入口控制、信息导引及发布、建筑设备监控、公共广播等智能化系统关乎人们生命财产安全及建筑物正常运行，因此该网络系统在与互联网连接，应采取安全保护技术措施以保障该网络的高可靠运行。

7.3.3 网络安全系统安全审计功能的要求。

本条制定的依据来自于公安部第 82 号令《互联网安全保护技术措施规定》，提供互联网接入服务的单位，其网络安全系统应具有安全审计功能，能够记录、跟踪网络运行状态，监测、记录网络安全事件等。

7.3.6 当对网络设备进行远程管理时，应防止鉴别信息在网络传输过程中被窃听，通常可采用加密算法对传输信息进行有效加密。

8 综合布线系统

8.0.5 信道测试应在完成链路测试的基础上实施,主要是测试设备线缆与跳线的质量,该测试对布线系统在高速计算机网络中的应用尤为重要。

8.0.6 综合布线管理软件的显示、监测、管理和扩容等功能应根据厂商提供的产品手册内容进行系统检测。

9 移动通信室内信号覆盖系统

9.0.1 目前，智能建筑工程中移动通信室内信号覆盖系统大多由电信运营商或建设单位测试验收。本章仅为保障移动通信室内信号覆盖系统的通信畅通，对通信设备安装场地的检查提出技术要求。

10 卫星通信系统

10.0.1 目前,智能建筑工程中卫星通信系统大多由电信运营商或建设单位测试验收。本章仅为保障卫星通信系统的通信畅通,对通信设备安装场地的检查提出技术要求。

11 有线电视及卫星电视接收系统

本章验收的信号源包括自办节目和卫星节目，传输分配网络的干线可采用射频同轴电缆或光缆。

11.0.1 本条提出的设备及器材验收主要依据《广播电视设备器材入网认定管理办法》的规定，包括的设备及器材有：有线电视系统前端设备器材；有线电视干线传输设备器材；用户分配网络的各种设备器材；广播电视中心节目制作和播出设备器材；广播电视信号无线发射与传输设备器材；广播电视信号加解扰、加解密设备器材；卫星广播设备器材；广播电视系统专用电源产品；广播电视监测、监控设备器材；其他法律、行政法规规定应进行入网认定的设备器材。另外，有线电视设备也属于国家广播电影电视总局强制入网认证的广播电视设备。

11.0.2 标准测试点应是典型的系统输出口或其等效终端。等效终端的信号应和正常的系统输出口信号在电性能上等同。标准测试点应选择噪声、互调失真、交调失真、交流声调制以及本地台直接窜入等影响最大的点。

第2款 因为双向数字电视系统具有数字传输功能，可做上网等应用，因此对于传输网络的要求较高，做此规定。

第3款 为保证测试点选取具有代表性，做此规定。

11.0.4 关于模拟信号的有线电视系统的主观评价的规定。

第2款 关于图像质量的主观评价，本次修订做了调整。

现行国家标准《有线电视系统工程技术规范》GB 50200中采用五级损伤制评定，五级损伤制评分分级见表1的规定。

因为视频显示在建筑智能化系统中有诸多应用，考虑到本规范的适用性较广而且为了便于实际操作，因此本次修订做了相应调整。

表 1 五级损伤制评分分级

图像质量损伤的主观评价	评分分级
图像上不觉察有损伤或干扰存在	5
图像上有稍可觉察的损伤或干扰,但不令人讨厌	4
图像上有明显觉察的损伤或干扰,令人讨厌	3
图像上损伤或干扰较严重,令人相当讨厌	2
图像上损伤或干扰极严重,不能观看	1

11.0.5 基于HFC或同轴传输的双向数字电视系统的下行测试指标,可以依据行业标准《有线广播电视系统技术规范》GY/T 106-1999和《有线数字电视系统技术要求和测量方法》GY/T 221-2005有关规定,主要技术要求见表2。

表 2 系统下行输出口技术要求

序号	测试内容		技术要求
1	模拟频道输出口电平		60dBμV～80dBμV
2	数字频道输出口电平		50dBμV～75dBμV
3	频道间电平差	相邻频道电平差	≤3dB
		任意模拟/数字频道间	≤10dB
		模拟频道与数字频道间电平差	0dB～10dB
4	MER	64QAM,均衡关闭	≥24dB
5	BER（误码率）	24H,Rs解码后	1X10E-6
6	C/N（模拟频道）		≥43dB
7	载波交流声比（HUM）（模拟）		≤3%
8	数字射频信号与噪声功率比SD,RF/N		≥26dB (64QAM)
9	载波复合二次差拍比（C/CSO）		≥54dB
10	载波复合三次差拍比（C/CTB）		≥54dB

11.0.6 基于HFC或同轴传输的双向数字电视系统上行测试指标,可以依据行业标准《HFC网络上行传输物理通道技术规范》GY/T 180-2001有关规定,主要技术要求见表3。

表3 系统上行技术要求

序号	测试内容	技术要求
1	上行通道频率范围	(5～65) MHz
2	标称上行端口输入电平	100dBμV
3	上行传输路由增益差	≤10dB
4	上行通道频率响应	≤10dB (7.4MHz～61.8MHz)
		≤1.5dB (7.4MHz～61.8MHz 任意3.2MHz 范围内)
5	信号交流声调制比	≤7%
6	载波/汇集噪声	≥20dB (Ra 波段)
		≥26dB (Rb、Rc 波段)

11.0.7 关于数字信号的有线电视系统的主观评价的项目和要求,依据行业标准《有线数字电视系统技术要求和测量方法》GY/T 221-2006 确定。

12 公共广播系统

12.0.1 公共广播系统工程包括电声部分和建筑声学工程两个部分。本规范中涉及的智能建筑工程安装的公共广播系统工程,只针对电声工程部分。

根据国家标准《公共广播系统工程技术规范》GB 50526-2010 的规定,业务广播是指公共广播系统向服务区播送的、需要被全部或部分听众收听的日常广播,包括发布通知、新闻、信息、语声文件、寻呼、报时等。背景广播是指公共广播系统向其服务区播送渲染环境气氛的广播,包括背景音乐和各种场合的背景音响(包括环境模拟声)等。紧急广播是指公共广播系统为应对突发公共事件而向其服务区发布广播,包括警报信号、指导公众疏散的信息和有关部门进行现场指挥的命令等。

12.0.2 本条为强制性条文。

为保证火灾发生初期火灾应急广播系统的线路不被破坏,能够正常向相关防火分区播放警示信号(含警笛)、警报语声文件或实时指挥语声,协助人员逃生制定本条文。否则,火灾发生时,火灾应急广播系统的线路烧毁,不能利用火灾应急广播有效疏导人流,直接危及火灾现场人员生命。

国家标准《公共广播系统工程技术规范》GB 50526-2010 中第3.5.6 条和《智能建筑工程施工规范》GB 50606-2010 第9.2.1 条第3 款均为强制性条款,对火灾应急广播系统传输线缆、槽盒和导管的选材及施工作出了规定,本规范强调的是其检验。

在施工验收过程中,为保证火灾应急广播系统传输线路可靠、安全,该传输线路需要采取防火保护措施。防火保护措施包括传输线路中线缆、槽盒和导管的选材及安装等。

火灾应急广播系统传输线路需要满足火灾前期连续工作的要

求，验收时重点检查下列内容：

1 明敷时（包括敷设在吊顶内）需要穿金属导管或金属槽盒，并在金属管或金属槽盒上涂防火涂料进行保护；

2 暗敷时，需要穿导管，并且敷设在不燃烧体结构内且保护层厚度不小于30mm；

3 当采用阻燃或耐火电缆时，敷设在电缆井、电缆沟内时，可以不采取防火保护措施。

12.0.4 公共广播系统的电声性能指标，在国家标准《公共广播系统工程技术规范》GB 50526-2010中有相关规定，见表4。

表4 公共广播系统电声性能指标

指标分类 \ 性能	应备声压级*	声场不均匀度（室内）	漏出声衰减	系统设备信噪比	扩声系统语言传输指数	传输频率特性（室内）
一级业务广播系统	≥83dB	≤10dB	≥15dB	≥70dB	≥0.55	图1
二级业务广播系统		≤12dB	≥12dB	≥65dB	≥0.45	图2
三级业务广播系统		—	—	—	≥0.40	图3
一级背景广播系统	≥80dB	≤10dB	≥15dB	≥70dB	—	图1
二级背景广播系统		≤12dB	≥12dB	≥65dB	—	图2
三级背景广播系统		—	—	—	—	—
一级紧急广播系统	≥86dB	—	≥15dB	≥70dB	≥0.55	—
二级紧急广播系统		—	≥12dB	≥65dB	≥0.45	—
三级紧急广播系统		—	—	—	≥0.40	—

*注：紧急广播的应备声压级尚应符合：以现场环境噪声为基准，紧急广播的信噪比应等于或大于12dB。

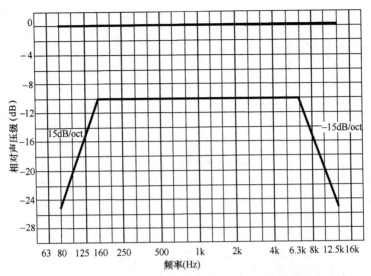

图 1 一级业务广播、一级背景广播 室内传输频率特性容差域
（以频带内的最大值为 0dB）

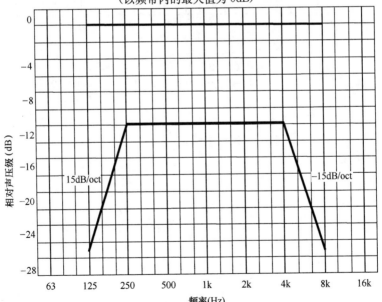

图 2 二级业务广播、二级背景广播 室内传输频率特性容差域
（以频带内的最大值为 0dB）

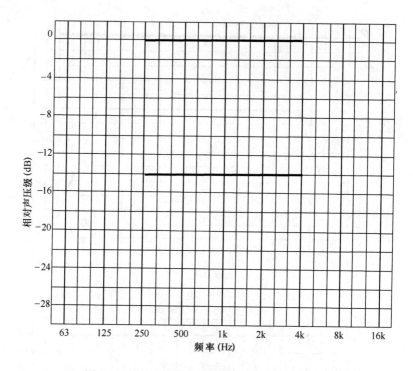

图3 三级业务广播 室内传输频率特性容差域
（以频带内的最大值为0dB）

13 会 议 系 统

13.0.3 本条规定的是会议系统检测前的检查内容。

会议系统设备对供电质量要求较高,电源干扰容易影响音、视频的质量,故提出本条要求。供电电源质量包括供电的电压、相位、频率和接地等。

在会议系统工程实施中,常常将会场装修与系统设备进行分开招标实施,为了避免招标文件对建声指标无要求也不作测试导致影响会场使用效果,所以会议系统进行系统检测前宜提供合格的会场建声检测记录。建声指标和电声指标是两个同等重要声学指标。

会场建声检测主要内容有:混响时间、本底噪声和隔声量。混响时间可以按照国家《剧场、电影院和多用途厅堂建筑声学设计规范》GB/T 50356 的相关规定进行检测。会议系统以语言扩声为主,会场混响时间适当短些,一般参考值为(1.0 ± 0.2)s,具有会议电视功能的会议室混响时间更短些,宜为(0.6 ± 0.1)s。同时提倡低频不上升的混响时间频率特性,应该尽可能在$(63\sim4000)$Hz 范围内低频不上升,减少低频的掩蔽效应,对提高语言清晰度大有益处。

13.0.4 会议系统检测的要求。

第 2 款 系统性能检测有两种方法:客观测量和主观评价,同等重要,可根据实际情况选择。会议系统最终效果是以人们现场主观感觉来评价,语言信息靠人耳试听、图像信息靠视觉感知、整体效果需通过试运行来综合评判。

13.0.5 本条为会议扩声系统的检测规定。

第 1 款为会议声学特性指标的规定。

国家标准《厅堂扩声系统设计规范》GB 50371-2006 中对

会议类扩声系统声学特性指标：最大声压级、传输频率特性、传声增益、声场不均匀度和系统总噪声级都有了明确规定（俗称五大指标）。国家标准《会议电视会场系统工程设计规范》GB 50635-2010 中增加了扩声系统语言传输指数（STIPA）的要求，并且制定了定量标准，一级大于等于 0.60、二级大于等于 0.50。

对于扩声系统的语言传输指数（STIPA），即常讲的语言清晰度（亦有称语言可懂度），这里作为主控项目，意指非常重要。只要 STIPA 达到了设计要求，其他五大指标基本也会达标。语言传输指数（STIPA）测试值是指会场具有代表性的多个测量点的测试数据的平均值。

13.0.6 因为灯光照射到投影幕布上会对显示图像产生干扰，降低对比度，所以在本系统检测中要开启会议灯光，观察环境光对屏幕图像显示质量的影响程度。会议系统中应将这种影响缩小到最低程度。

13.0.7 本条为会议电视灯光系统检测的规定。

具有会议电视功能的系统对照度要求较高，国家标准《会议电视会场系统工程设计规范》GB 50635-2010 规定的会议电视灯光平均照度值见表 5。

表 5 会议电视灯光平均照度值

照明区域	垂直照度（lx）	参考平面	水平照度（lx）	参考平面
主席台座席区	≥400	1.40m 垂直面	≥600	0.75m 水平面
听众摄像区	≥300	1.40m 垂直面	≥500	0.75m 水平面

13.0.8 火灾自动报警联动功能的检测要求。

系统与火灾自动报警的联动功能是指，一旦消防中心有联动信号发送过来，系统可立即自动终止会议，同时会议讨论系统的会议单元及翻译单元可显示报警提示，并自动切换到报警信号，让与会人员通过耳机、会议单元扬声器或会场扩声系统听到紧急广播。

13.0.9 本条为会议电视系统的规定。

第1款 会议电视系统的会场功能有：主会场与分会场。在设计中往往比较注重主会场功能设计，常常忽视分会场功能设计，造成在作为分会场使用时效果很差。尤其是会议灯光系统要有明显不同的两个工作模式：主会场灯光工作模式、分会场灯光工作模式，才能保证会议电视会场使用效果。

14 信息导引及发布系统

14.0.3 信息导引及发布系统的功能主要包括网络播放控制、系统配置管理和日志信息管理等,根据设计要求确定检测项目。

14.0.4 视频显示系统,包括 LED 视频显示系统、投影型视频显示系统和电视型视频显示系统,其性能和指标需符合国家标准《视频显示系统工程技术规范》GB 50464-2008 第 3 章"视频显示系统工程的分类和分级"的规定,检测方法需符合现行国家标准《视频显示系统工程测量规范》GB/T 50525 的规定。

14.0.7 图像质量的主观评价项目,可以按国家标准《视频显示系统工程技术规范》GB 50464-2008 第 7.4.9 条和第 7.4.10 条执行。

15 时钟系统

15.0.4 本条来源于行业标准《时间同步系统》QB/T 4054-2010，其规定的平均瞬时日差指标见表6。

表6 平均瞬时日差指标

类 别	平均瞬时日差（s/d）		
	优等	一等	合格
石英谐振器一级母钟	0.001	0.005	0.01
石英谐振器二级母钟	0.01	0.05	0.1
子钟	－0.50～＋0.50		－1.00～＋1.00

16 信息化应用系统

16.0.3 应用软件的测试内容包括基本功能、界面操作的标准性、系统可扩展性、管理功能和业务应用功能等，根据软件需求规格说明的要求确定。

黑盒法是指测试不涉及软件的结构及编码等，只要求规定的输入能够获得预定的输出。

16.0.7 应用软件修改后进行回归测试，主要是验证是否因修改引出新的错误，修改后的应用软件仍需满足软件需求规格说明的要求。

17 建筑设备监控系统

17.0.1 建筑设备监控系统主要是用于对智能建筑内各类机电设备进行监测和控制,以达到安全、可靠、节能和集中管理的目的。监测和控制的范围及方式等与具体项目及其设备配置相关,因此应根据设计要求确定检测和验收的范围。

17.0.3 建筑设备监控系统功能检测主要体现在:

  1 监视功能。系统设备状态、参数及其变化在中央管理工作站和操作分站的显示功能。

  2 报警功能。系统设备故障和设备超过参数限定值运行时在中央管理工作站和操作分站报警功能。

  3 控制功能。水泵、风机等系统动力设备,风阀、水阀等可调节设备在中央管理工作站和操作分站远程控制功能。

17.0.6 建筑设备监控系统对变配电系统一般只监不控,因此对变配电系统的检测,重点是核对条文要求的各项参数在中央管理工作站显示与现场实际数值的一致性。

17.0.7 可以针对工程选定的具体控制方式,模拟现场参数变化,检验系统自动控制功能和中央站远程控制功能。

17.0.9 建筑设备监控系统对电梯和自动扶梯系统一般只监不控。对电梯和自动扶梯监测系统的检测,一般要求核对电梯和自动扶梯的各项参数在中央管理工作站显示与现场实际数值的一致性。

17.0.10 能耗监测、统计和趋势分析适应国家节能减排政策的需要。建筑设备监控系统的应用,例如各设备的运行时间累计、耗电量统计和能效分析等可以为建筑中设备的运行管理和节能工作的量化和优化发挥巨大作用。近年来,随着住房和城乡建设部在全国主要省市进行远程能耗监管平台的建设,本系统还可为其提供基本数据的远传,为国家建筑节能工作做出贡献。由于该部分功能与建筑业主的需求和国家与地方的政策密切相关,因此本条文要求做能耗管理功能的检查,以符合设计要求为合格的判据。

17.0.11 对中央管理工作站和操作分站的检测以功能检查为主,所有功能和各管理界面全检。

17.0.12 系统控制命令响应时间是指从系统控制命令发出到现场执行器开始动作的这一段时间。系统报警信号响应时间是指从现场报警信号达到其设定值到控制中心出现报警信号的这一段时间。上述两种响应时间受系统规模大小、网络架构、选用设备的灵敏度和系统控制软件等因素影响很大,当设计无明确要求时,一般实际工程在秒级是可以接受的。

17.0.15 建筑设备监控系统评测项目应根据项目具体情况确定。

第 2 款　系统的冗余配置主要是指控制网络、工作站、服务器、数据库和电源等设备的配置;

第 3 款　系统的可扩展性是指现场控制器输入/输出口的备用量;

第 4 款　目前常用的节能措施有空调设备的优化控制、冷热源负荷自动调节、照明设备自动控制、水泵和风机的变频调速等。进行节能评价是一项重要的工作,具体评价方法可参见相关标准要求。因为节能评测是一项多专业、多系统的综合工作,本条款推荐在条件适宜情况下进行此项评测,需要根据设备配置情况确定评测内容。

19 安全技术防范系统

19.0.1 本规定中所列安全技术防范系统的范围是目前通用型公共建筑物广泛采用的系统。

19.0.2 在现行国家标准《安全防范工程技术规范》GB 50348中，高风险建筑包括文物保护单位和博物馆、银行营业场所、民用机场、铁路车站、重要物资储存库等。由于这类建筑的使用功能对于安全的要求较高，因此应执行专业标准和特殊行业的相关标准。

19.0.3 列入国家安全技术防范产品强制性认证目录的产品需要取得CCC认证证书；列入国家安全技术防范产品登记目录的产品需要取得生产登记批准书。

19.0.5 综合管理系统是指对各安防子系统进行集成管理的综合管理软硬件平台。检查综合管理系统时，集成管理平台上显示的各项信息（如工作状态和报警信息等）和各子系统自身的管理计算机（或管理主机）上所显示的各项信息内容应一致，并能真实反映各子系统的实际工作状态；对集成管理平台可进行控制的子系统，从集成管理平台和子系统管理计算机（或管理主机）上发出的指令，子系统均应正确响应。具体的集成管理功能和性能指标应按设计要求逐项进行检查。

19.0.6 视频安防监控系统的检测要求和数字视频安防监控系统的检测内容。

第2款 对于数字视频安防监控系统的检测内容的补充要求。其中第3）项：音视频存储功能检测包括存储格式（如H.264、MPEG-4等）、存储方式（如集中存储、分布存储等）、存储质量（如高清、标清等）、存储容量和存储帧率等。对存储设备进行回放试验，检查其试运行中存贮的图像最大容量、记录速度（掉帧情况）等。通过操作试验，对检测记录进行检索、回放等，检测其功能。

19.0.13 各子系统可独立建设，并可由不同施工单位实施，可根据合同约定分别进行验收。

20 应急响应系统

20.0.1 本规范所称的应急响应系统是指以智能化集成系统、火灾自动报警系统、安全技术防范系统或其他智能化系统为基础，综合公共广播系统、信息导引及发布系统、建筑设备监控系统等，所构建的对各类突发公共安全事件具有报警响应和联动功能的综合性集成系统，以维护公共建筑物（群）区域内的公共安全。

21 机房工程

21.0.1 智能建筑工程中的机房包括信息接入机房、有线电视前端机房、智能化总控室、信息网络机房、用户电话交换机房、信息设施系统总配线机房、消防控制室、安防监控中心、应急响应中心、弱电间和电信间等。

21.0.3 机房所用电源包括：智能化系统交、直流供电设备；智能化系统配备的不间断供电设备、蓄电池组和充电设备；以及供电传输、操作、保护和改善电能质量的设备和装置。

21.0.7 智能化系统弱电间除布放线缆外，还需要放置很多电子信息系统的设备，如安防设备、网络设备等，机房工程的质量对电子信息系统设备的正常运行有影响。因此在本条中单独列出对智能化系统弱电间的检测规定，加强对弱电间的工程质量控制。

  第2款　线缆路由主要指敷设线缆的梯架、槽盒、托盘和导管的空间。检测冗余度的主要原因是便于智能化系统今后的扩展性和灵活调整性，确保后期改造和扩展的空间冗余。

22 防雷与接地

22.0.4 本条为强制性条文。

为了防止由于雷电、静电和电源接地故障等原因导致建筑智能化系统的操作维护人员电击伤亡以及设备损坏，故作此强制性规定。建筑智能化系统工程中有大量安装在室外的设备（如安全技术防范系统的室外报警设备和摄像机、有线电视系统的天线、信息导引系统的室外终端设备、时钟系统的室外子钟等等，还有机房中的主机设备如网络交换机等）需可靠地与接地系统连接，保证雷击、静电和电源接地故障产生的危害不影响人身安全及智能化设备的运行。

智能化系统电子设备的接地系统，一般可分为功能性接地、直流接地、保护性接地和防雷接地，接地系统的设置直接影响到智能化系统的正常运行和人身安全。当接地系统采用共用接地方式时，其接地电阻应采用接地系统中要求最小的接地电阻值。

检测建筑智能化系统工程中的接地装置、接地线、接地电阻和等电位联结符合设计的要求，并检测电涌保护器、屏蔽设施、静电防护设施、智能化系统设备及线路可靠接地。接地电阻值除另有规定外，电子设备接地电阻值不应大于 4Ω，接地系统共用接地电阻不应大于 1Ω。当电子设备接地与防雷接地系统分开时，两接地装置的距离不应小于 10m。